Dr. Helmer Zühlke
Kapitän Heinrich Teerling

DER KAMPF UM DIE LUKUGA

Borkumer retten und bergen

Die rauen Spielregeln des Bergungsgeschäftes

Schriftenreihe des Heima

HEIMATVEREIN INSEL BORKUM EV

Herausgeber: Burkana Verlag Wolf Schneider
Text: Dr. Helmer Zühlke und Kapitän Heinrich Teerling
Layout und Design: Patrick Burth / Dominik Schneider
Lektorat: Ulrike Schneider
Bilder: Soweit nicht anders vermerkt:
Peter Moeschlin, Staatsarchiv Basel;
Archiv Doeksen, Terschelling;
Sammlung Dr. Helmer Zühlke, Borkum;
Sammlung H. Stegemann; Archiv KNRM; Tomas Sennett, Mill Valley, Kalifornien; AndrVas allbracht; Jörg Zogel

Gesamterstellung: BurkanaMedia

ISBN: 978-3-9816347-9-2

Die Erstellung dieses Buches war möglich durch die Unterstützung des Heimatvereins Borkum, der Bugsier-, Reederei- und Bergungs - Gesellschaft Hamburg, der Reederei Emder Schlepp Betrieb-GmbH und dem Restaurant Heimliche Liebe, Borkum.

1. Auflage 2014 | 2. Auflage 2017 | 3. Auflage 2025

www.burkana-verlag.de
Tel. 0 49 22 - 99 00 82
E-Mail: verlag@burkana-verlag.de

INHALT

Vorwort	6
Dank an alle Helfer	7
Prolog	9
Die Kollision	13
20. Dezember 1956	16
Strandungsbericht des Motorrettungsbootes BRANDARIS	21
Das Schicksal der ECUADOR	25
Die Schlepper kommen zu Hilfe	34
21. Dezember 1956	41
22. Dezember 1956	45
MRB BORKUM Einsatzfahrt zum belgischen MS LUKUGA	53
23.Dezember 1956	55
24. Dezember 1956	56
25. Dezember 1956 1. Weihnachtstag	58
26. Dezember 1956 2. Weihnachtstag	59
27./28. Dezember 1956	61
Die BORKUM birgt verletzten Borkumer Helfer	63
Bericht der Signalstelle Borkum	65
29. Dezember 1956	69
30. Dezember 1956	71
Bericht des deutschen Bergungsinspektors Gerhard Funk	73
Berichte der Kapitäne der DANZIG und THOR	81
Borkumer löschen die LUKUGA	82
Alle Namen der Borkumer Entladebesatzung	86
Berichte der Kapitäne der STORTEMELK II und ZUIDZEE	91
HOLLAND holt sich noch das Sahnehäubchen auf den Kaffee	95
Wike Byls Einsatz für den Bergelohn	101
Kein geruhsamer Neujahrsmorgen	102
Der Kampf um das Geld – die Spielregeln des Bergungsgeschäftes	105
LUKUGA – Die große Abrechnung	125
Epilog - Abschied	127
Literaturverzeichnis	135

VORWORT

Mit großem Interesse nahm ich das Angebot an, im BurkanaVerlag das neue Buch von Dr. Helmer Zühlke herausgeben zu dürfen. Gemeinsam mit Kapitän Heinrich Teerling als maritimem Co-Autor haben die beiden ein spannendes Werk geschaffen. Die Gewässer der Nordsee sind seit vielen Jahrhunderten eine enorme Herausforderung für Kapitäne, Offiziere und Mannschaften. Nicht immer gelang und gelingt es, die Schiffe sicher und unversehrt an ihre Zielhäfen zu bringen. Helmer Zühlke hat das bereits in seinen umfangreichen Werken über die Untergänge vor Borkum mit großer Fachkenntnis unter Beweis gestellt. Auch in diesem Buch beschreibt er den Kampf um die LUKUGA, einem wunderschönen Frachtschiff auf dem Weg aus Westafrika nach Europa.

Besonders wertvoll ist seine Arbeit durch die umfangreichen Recherchen über die rauen Spielregeln des Bergungsgeschäftes. Mit enormer Genauigkeit hat er eine Vielzahl von Quellen gefunden, die ein hochinteressantes Licht auf bisher unbekannte Details werfen. Eine große Zahl Borkumer Männer hat sich bei der Bergung als tatkräftige Helfer zur Verfügung gestellt. Das war zwar ein gut bezahltes, aber auch gefährliches und schweres Unterfangen.

Meinen Dank richte ich auch ausdrücklich an den Heimatverein Borkum, an Karl-Heinz Leidheiser vom Borkumer Restaurant Heimliche Liebe, an die Bugsier-, Reederei- und Bergungs-Gesellschaft, Hamburg und an die Reederei Emder Schlepp Betrieb-GmbH. Ohne deren Unterstützung wäre die Herausgabe des Buches nicht möglich gewesen.

Wolf Schneider

Herausgeber

DANK AN DIE HELFER

Das Foto eines unbekannten havarierten Schiffes mit dem längsseits liegenden Schlepper SEEFALKE erweckte das Interesse der Autoren.

Mit Hilfe von Zeitzeugen wurde dieses Ereignis dem Dezember 1956 zugeordnet und hier beginnt die Geschichte „Vom Kampf um die LUKUGA“.

Berichte von Augenzeugen über die Bergung havarierter Schiffe gibt es viele, aber die heutigen Kommunikationsmöglichkeiten ergeben die Möglichkeit, auf eine große Zahl von neuen Quellen zu stoßen und diese zu nutzen. Die Erinnerung an die Bergung lässt die dramatischen Ereignisse der Tage im späten Dezember 1956 durch Zeitzeugen und deren Erlebnisse noch einmal lebendig werden.

Zu diesen Zeitzeugen zählen die Borkumer Willem Aggen, Adolf Beckmann, Gustav Bölter, Helmut Bölter, Geerd Byl, Helmut Feldmann, Reinhold Feldmann, Rudolf Lübben, Sigfried Ites, Wiard (Wike Reetdach) Byl, Peter van Gerpen, Claus Gröpel , Frerich Mammenga, Johann (Joke) Michaelsen, Christoffer Müller, Peter Nabrotzky, Erik Pool, Bruno Sanders, Günther Schwarzenburg, Hans-Peter Wegmann, Rudolf Wybrands.

Auf dem Festland konnten weitere Quellen erschlossen werden. Die versierten Schifffahrtsexperten Reinhart Schmelzkopf, Cuxhaven, Helmut Stegemann, Cuxhaven und Prof. Dr. Theodor Siersdorfer, Essen, stellten uns ihr umfassendes Wissen und große Archive zur Verfügung.

Dr. Bernd Anders, Deutsche Gesellschaft zur Rettung Schiffbrüchiger (DGzRS), Bremen; Kees Brinkmann, Koninglijke Nederlandse Redding Maatschappij (KNRM); IJmuiden, Kees Dekker, Archiv Doeksen, Terschelling; Bianca Hoefman, Noord-Hollands Archief; Koos de Jong, Noordelijk Scheepvaartmuseum, Groningen; Tanja Kurtenbach, Archiv der Emder Schlepp-Betrieb GmbH, Emden; Monika Meinke und Aike Schmidt, Stadtarchiv Emden; Hartmut Pietrek, Bundesamt für Seeschifffahrt und Hydrographie, Hamburg; Drs. H.K. Stapel, Nationaal Reddingsmuseum, Dorus Rijkers, Den Helder, begleiteten unser Vorhaben.

Weitere Informationen erhielten wir von Klaas Meyer-Gerhards, Bremen, Maike Meyer-Gerhards, Witzhave , Dr. Jan M. Smit,Terschelling .

Auf Borkum halfen uns vor allem Hildegard Fuhs, Wolfgang (Scherko) Hintze, Helmut (Kische) Kasten, Lotse Rudolf Möller, Klaas Weber, Christian (Düdi) Wolters und Karl-Heinz Klusmann.

Aus Belgien erhielten wir wichtige Informationen von Herrn Florent van Otterdyk aus Burcht über die Bauwerft, die Besatzungen, die Fahrtrouten der LUKUGA und zur Geschichte der CMB.

Ein besonderer Glücksfall war die Bekanntschaft von Frau Sabine Strebel vom Staatsarchiv Basel Stadt (CH), die uns ermöglichte, einmalige Aufnahmen aus dem Archiv des Fotografen Peter Moeschlin in diesem Buch zu zeigen. Die niederländischen Originaltexte wurden in bewährter und fachkundiger Weise von Frau Andrea Akkermann, Amsterdam/ Borkum, in die deutsche Sprache übertragen.

Ein ausdrücklciher Dank geht an Herrn Jan-Wilhelm Schuchmann, Bugsier-Reederei Hamburg und Herrn Frank Wessels, Emden, die uns Unterlagen aus den Archiven ihrer Schlepp-Reedereien zur Verfügung stellten und so einen einmaligen Eindruck vom Bergungsgeschäft der Nachkriegszeit ermöglichten.

Ein besonderer Dank geht auch nach Mill Valley/Kalifornien an den Fotografen Tomas Sennett für die Bereitstellung des Fotos von Gadani aus seiner aufsehenerregenden Fotoreportage im Stern Nr. 22/1984 über diesen Abwrackplatz in Pakistan.

Dr. Helmer Zühlke Kapitän Heinrich Teerling

PROLOG

Die LUKUGA, benannt nach dem gleichnamigen 350 km langen rechten Nebenfluss des Kongo, dem einzigen Abfluss des ostafrikanischen „Tanganijka" Sees. Der Lukuga mündet in den Lualaba, einen Quellfluss des Kongo. Sie war das vierte Schiff einer Serie von sechs baugleichen Schiffen, das auf der Cockerill-Ougrée Werft, unter der Bau-Nr. 773 für die Compagnie Maritime Belge (CMB) gebaut wurde. Länge: 483 feet, Breite: 61,7 feet, Tiefgang: 27,0 feet. Die Werft befand sich am östlichen Ufer der Schelde, in der Stadt Hoboken, südlich von Antwerpen. Am 26.10.1955 erfolgte die Taufe durch Frau Edgar Van der Straeten und der anschließende Stapellauf.

MS LUKUGA

MS LUBUMBASHI

MS LUBILASH

MS LUKALA

MS LUSAMBO

MS LULUA

Eine Klasse sind:

LUBUMBASHI *(abgeliefert Cockerill / Hoboken)*	01. 1954	LUKUGA	07. 1956
LUBILASH	11. 1954	LUSAMBO	09. 1956
LUKALA	06. 1955	LULUA	12. 1956

Stapellauf LUKUGA

CMP Port Antwerpen

Die 3 B- und W-6-Zylinder-Dieselmaschinen mit 7500 PS, gebaut von der Cocke-rill-Werft, gaben dem Schiff eine Geschwindigkeit von 16 kn. Nach der Reparatur 1957 in Emden änderten sich die Maße nur geringfügig. Das Schiff hatte eine Besatzung von 51 Mann. Es waren Kabinen für maximal 12 Passagiere an Bord. Anfang Juli 1956 wurde das Schiff für die CMB in regelmäßigen Liniendienst zur Kolonie „Belgisch-Kongo" gestellt. Am 08.11.1956 verlässt die LUKUGA den Hafen von Antwerpen. Es ist erst die dritte Reise des „nagelneuen" („spiksplin-ternieuwe") Schiffes. Jan von Isacker ist der Kapitän auf dieser Reise nach Matadi, gelegen am linken Ufer des Flusses „Kongo" in der Belgischen Kolonie. Heute ist Matadi die wichtigste Hafenstadt der Demokratischen Republik Kongo, liegt in der Provinz Bas-Congo, hat ungefähr 300 000 Einwohner und liegt rund 370 km von der Hauptstadt Kinshasa entfernt.

Auf der Rückreise nach Europa verlässt die LUKUGA Matadi mit einer Stückgut-ladung von rund 6.500 t. Diese bestand aus Baumstämmen (Limba-Holz), Baum-wolle, Kautschuk, Kaffeebohnen, Ölkuchen und Maniok Mehl. Auf dem Weg nach Hamburg wird die Ladung in Las Palmas auf Gran Canaria durch Zuladung von Bananen, Orangen und Tomaten ergänzt. Wert der Ladung mit rund 7600 t insgesamt 50 Mio.DM. Beim Auslaufen Matadi befinden sich neben der 51-köpfi-gen Besatzung auch Herr und Frau De Schepper aus La Panne (Belgien) an Bord . Herr Karel Schepper (54), („Kapitein Ter Lange Omvaart,M.R.-Commandant du Port B.P. 1111 Leopoldville - Congo Belge") ist Hafenkapitän in Leopoldville-Ma-

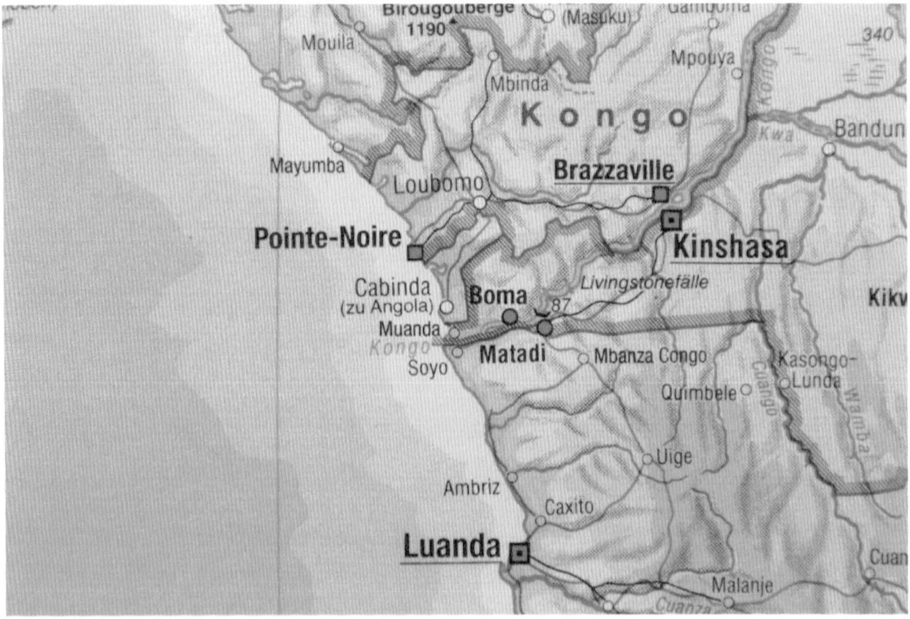

Hafen Matadi

tadi und mit seiner Frau auf dem Weg in den Urlaub nach Belgien.

In Las Palmas kommt der Mechaniker M. Verbaenen (60) mit einer Knieverletzung und nach einem Krankenhausaufenthalt an Bord. Herr Verbaenen ist Mechaniker im Dienst der CMB und ebenfalls auf dem Weg nach Belgien, um sich in Antwerpen operieren zu lassen .

Als erster Hafen nach dem Auslaufen von Las Palmas soll Hamburg angelaufen werden, anschließend Bremen und erst dann Antwerpen. So erklärt sich die Anwesenheit der drei Passagiere zum Zeitpunkt des Zusammenstoßes.

Die Reise wird ohne Zwischenfall fortgesetzt, bis die LUKUGA am 20.12.1956 vom norwegischen Tanker BERNHARD HANSEN bei dichtem Nebel vor Terschelling in voller Fahrt gerammt wird.

DIE KOLLISION

Am 20.12.1956 herrscht dichter Nebel über der gesamten Küste und der Nordsee. Im Dezember 1956 liegen deshalb in vielen Häfen entlang der Küsten Bergungsschlepper auf der Lauer, überwachen den Funkverkehr und hoffen auf Beute. Im Englischen Kanal wird das niederländische Küstenmotorschiff WATERWEG (431 t) auf der Höhe von New Haven vom französischen Fischtrawler MARGAT (269 t) aus Boulogne-sur-Mer (F) im Nebel gerammt.

Der Kümo (Coaster) WATERWEG wurde 1951 als SPOROTA für NV Spoorhout, Delfzijl, auf der Scheepswerf De Hoop in Lobith (NL) unter der Bau-Nr. 211 gebaut. Länge 46 m. Breite 7,70 m. Maschine : Diesel. BRT 431. verkauft an F. Alberts & R. Strating aus Rotterdam und 1957 als WATERWEG in Fahrt . Die WATERWEG war auf der Reise mit einer Ladung Pottasche von Barcelona (SP) nach Goole (GB). Der französische Kapitän M. J. Libert setzte in Rekordzeit nach dem Ramming sein Rettungsboot aus und konnte die 10-köpfige Besatzung der WATERWEG, darunter auch die Frau des holländischen Kapitäns Slating, retten. Bedingt durch ein großes Loch im Rumpf, sank die WATERWEG innerhalb von vier Minuten nach der Rettung ihrer Besatzung.

Der Trawler MARGAT wurde 1947 von Marine-Industries in Sorel, gelegen am St. Lorenz- Strom, Kanada, unter der Bau-Nr. 159 für Manesse & Senechal aus Boulogne sur Mer, Frankreich, gebaut. Länge 41,90 m. Breite 7,50 m. BRT 269. Maschine Diesel für 9,5 kn. 1951 verkauft an Soc. De Peche a Moteur, Boulogne (F), 1959 verkauft an Soc.Armement a la Peche & Industrie Annexes aus Lorient (F) und als SUET in Fahrt. 1967 von Nils Hoyland, Norwegen gekauft und als SARTOR in Fahrt. Umgebaut 1971 und 1989 zum Stand-By-Vessel unter dem Namen STRILBRIS. Im Juni 2005 aus dem Schiffsregister gestrichen.

Schlepper MAAS

Schlepper TITAN

Als am 20. 12. 1956 der Zusammenstoß zwischen der LUKUGA und der mit Erdöl vollbeladenen BERNHARD HANSEN bekannt wird, stürmen drei niederländische Schlepper los.

Aus Maassluis (NL) ist es der Schlepper MAAS der Firma Smit, aus Ijmuiden (NL) der Schlepper TITAN der Firma Wijsmüller und von Terschelling (NL) der Schlepper HOLLAND. Schlepper HOLLAND hatte aufgrund der Wetterlage und in weiser Voraussicht den Liegeplatz im Heimathafen von West-Terschelling bereits verlassen und lag auf Position „ Vlieree“ (im Wattenmeer südlich zwischen den Inseln Vlieland und Terschelling) auf Stand-By .

MAAS und TITAN waren in der Annahme, die Unglücksstelle läge 40 Meilen nordwestlich von Scheveningen. Als sie erfahren, dass diese rund 60 Meilen nördlicher liegt, geben sie die Jagd auf und kehren in ihre Heimathäfen zurück. Sieger war die HOLLAND mit ihrem Kapitän Jan Doeksen (63).

Hier beginnt der Bericht des Kapitäns der HOLLAND

Um 2.47 Uhr hörte einer der Funker, der Marconist Hein van Brakel, Mitglied der ständigen Hörwache an Bord des Rettungsschleppers HOLLAND, folgende SOS-Meldung von Scheveningen Radio:

TUGS UP TO 3150 I.H.P.
PUMPING CAP OVER 12000 T.P.H.

m.s. „HOLLAND"
m.s. „OCEAAN"
m.s. „ZUIDZEE"
s.s. „VOLHARDING"
s.s. „TEXEL"
m.s. „STORTEMELK I"
m.s. „STORTEMELK II"
s.s. „NOORD-NEDERLAND"
s.s. „SCHELLINGERLAND"
m.s. „VLIELAND"
m.s. „ALBATROS"
m.s. „CATHARINA"
m.s. „WILLEM BARENDSZ"
m.s. „CORNELIA ALIDA"
m.s. „BOREAS"
s.l. „AMERIKA"
s.l. „CANADA"
t.l. „TARAKAN"

N.V. SCHEEPVAART MAATSCHAPPIJ G. DOEKSEN & ZONEN
(DOEKSEN'S SALVAGE COMPANY)
TERSCHELLING
HOLLAND

Ab 02.40 GMT verbreitet P C H die SOS-Meldung. Es folgt um 02.45 GMT die Meldung des norwegischen Tankers BERNHARD HANSEN. LAHR: „In Kollision mit einem Schiff von 6000 Tonnen in Position 52.17 Nord und 04.50 Ost."

Der Tanker BERNHARD HANSEN wurde 1951 auf der Gray Werft in West-Hartlepool, (GB),unter der Bau-Nr. 1239 für die Skibs A/S Athos aus Flekkefjord in Süd-West Norwegen, gebaut. Länge :152,40 m. Breite :19,10 m. BRT :8739. Dieselmaschine für 12 kn Fahrt. Der Tanker wurde bei der Kollision nur leicht beschädigt und setzte seine Reise fort. 1960 verkauft an Astra Cia Argentina de Petroleo SA aus Buenos Aires und als „ASTRAMAR" in Fahrt gebracht.1917 verkauft an Singapore Cosmos Sg Co Pte Ltd aus Singapore und als „COSMOPOLITAN II" in Fahrt. 1977 abgewrackt.

MS BERNHARD HANSEN

Um 3.00 Uhr empfing die HOLLAND folgende Meldung:

„SOS, SOS, SOS, de O N L R - P C H –m/v LUKUGA, in der Nähe der Tonne E T 6, Kollision mit einem unbekannten Schiff, Maschinenraum voll Wasser.“

DE: hier ist, P C H: Rufzeichen Scheweningen Radio, LAHR: Rufzeichen BERNHARD HANSEN, ONLR: Rufzeichen LUKUGA, m/v: Motorvessel, GMT Greenwich meantime

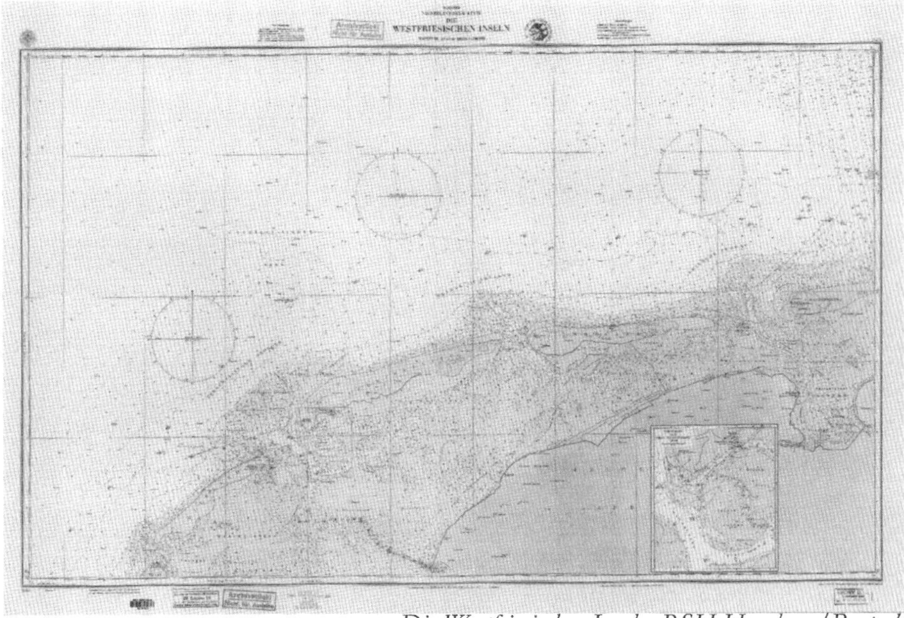

Die Westfriesischen Inseln, BSH Hamburg/Rostock

Schlepper HOLLAND Fred Boom Quelle: Stichting Zeesleepboot Holland

Der Schlepper HOLLAND 4 wurde 1950 von der Schiffswerft Ferus Smit in Foxhol gebaut und erhielt im Juli 1951 bei der Firma Stork- Werkspoor in Amsterdam die Hauptmaschine. Länge: 57,56 m, Breite: 9,56 m, Tiefgang: 4,50 m. BRT: 547,77, Die 10-Zyl.-Werkspoor-Dieselmaschine leistete 2100 PS. Bereits im November 1951 erfolgten Umbauten (kürzere Aluminiummasten, Abdichtung des Wellentunnels und Verkürzung des Schornsteins) auf der Werft Nolden & Bulder in Delfzijl. Ab März 1952 bis 1971 wieder im Dienst von Doeksen. Als Besonderheit wird ein Teil der Doeksen-Flotte in den Sommermonaten auch im Passagierdienst zwischen den Inseln Vlieland, Terschelling und dem Fährhafen Harlingen eingesetzt. Ab 1975 an die Rijkswaterstaat, Direktion Nordsee, verchartert und für wissenschaftliche Untersuchungen eingesetzt. Dabei erfolgen einige spezielle Ein- und Umbauten für diesen Dienst. Ab März 1978 aus dem Chartervertrag entlassen und von der Firma Doeksen an die Stichting Zeesleepboot, Holland, verkauft. Diese Gesellschaft nimmt die HOLLAND in treue Hände, pflegt und wartet sie und hält sie bis heute als Museumsschiff in Fahrt.

ET bezeichnet den minenfreien Zwangsweg Elbe-Texel. Bis Ende der 1960er Jahre bestand eine große Gefahr für die Schifffahrt durch die im 2. Weltkrieg von englischen und deutschen Minenlegern oder von Flugzeugen ausgelegten Magnet-oder Ankertau-Minen. So wurden ab 1945 zuerst schmale Fahrrinnen von diesen Minen freigeräumt, die sogenannten Zwangswege.
Auf diesen war der Verkehr stark konzentriert und damit war die Kollisionsgefahr an Nebeltagen sehr groß, zumal das Radarwesen auf allen Schiffen noch nicht eingerichtet bzw. voll ausgereift war.

Wie auf der Karte zu sehen, war Terschelling der ideale Liegeplatz für einen Bergungsschlepper. Das Motto der HOLLAND war: PESK =Paarat En Start Klaar. Bei der deutschen Konkurrenz, den Bugsier- und Schuchmann Schleppern, hieß es: „Schwarzes S auf weißem Band - die Schuchmann Piraten werden wir genannt." „Schwarzes S im Schornstein, himmelhohen Brand, die Piraten Schuchmann werden wir genannt."

Um 3.02 Uhr wurde das auf Terschelling stationierte niederländische Motorrettungsboot BRANDARIS angefordert. Um 03.07 Uhr nahm die HOLLAND mit der LUKUGA über Radiotelefonie Kontakt auf (noch waren die Notbatterien in Betrieb) und bot ihren Dienst auf Basis Lloyds open form: „no cure, no pay" an. Dies wurde von dem Kapitän der LUKUGA um 03.12 Uhr akzeptiert.

Zur gleichen Zeit informierten wir die LUKUGA, dass wir unsere transportablen Pumpen für den sofortigen Gebrauch bereit hatten. Die Position der LUKUGA in diesem Moment war 53.21 Nord und 04.45 Ost.
Wetter: dichter Nebel, Wind: Süd-Süd-Ost.
Unter Radar stürmte die HOLLAND mit voller Fahrt durch den dichten Nebel zu der angegebenen Position. Mit Hilfe des Radars und des Funkpeilers erreichten wir die LUKUGA in kurzmöglichster Zeit.
Um 4.20 Uhr waren wir beim Havaristen. Um 4.50 Uhr ging die HOLLAND längseits der LUKUGA. Drei Passagiere und der verletzte 4. Offizier wurden von der HOLLAND übernommen.

Der 20-jährige 4. Offizier Thomas Hubert aus Sint-Truiden (B), dessen Kammer sich im oberen Kollisionsbereich befand, schlief zum Zeitpunkt der Kollision. Er musste aus den Wrackstücken befreit werden. Die ärztliche Untersuchung später auf der BRANDARIS und in West-Terschelling durch Dr. Smit sr. ergab jedoch glücklicherweise keine größeren ernsthaften Verletzungen.

Dr. David Smit wurde am 8. Sept. 1908 auf Terschelling geboren, er hatte drei Söhne und starb dort am 31.August 1980, nachdem er 35 Jahre als niedergelassener Arzt auf seiner Heimatinsel gearbeitet hatte.

Transportable Motorpumpen wurden an Bord der LUKUGA gebracht. Zwei 4-Inch-Pumpen, eine 6-Inch-Pumpe und eine 3-Inch-Pumpe, zusammen mit den notwendigen Schläuchen. Um die Pumpen einzurichten und zu betreiben, wurden zwei Mechaniker auf das Schiff beordert.

An Bord der LUKUGA unterzeichnete der Kapitän die Lloyds open form „no cure, no pay".

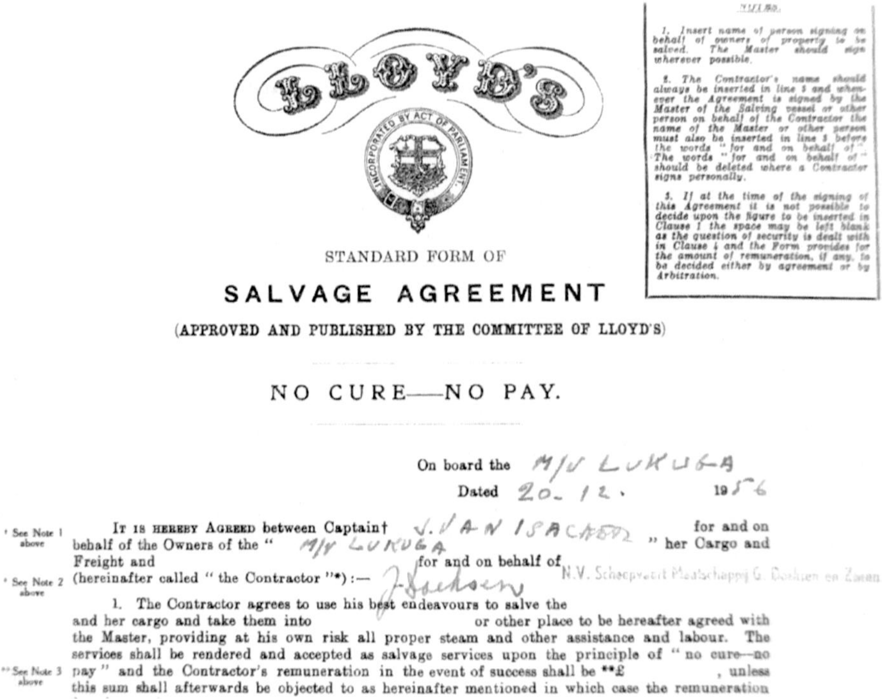

LLOYD'S

INCORPORATED BY ACT OF PARLIAMENT

STANDARD FORM OF

SALVAGE AGREEMENT

(APPROVED AND PUBLISHED BY THE COMMITTEE OF LLOYD'S)

NO CURE—NO PAY.

1. *Insert name of person signing on behalf of owners of property to be salved. The Master should sign wherever possible.*

2. *The Contractor's name should always be inserted in line 3 and whenever the Agreement is signed by the Master of the Salving vessel or other person on behalf of the Contractor the name of the Master or other person must also be inserted in line 3 before the words "for and on behalf of". The words "for and on behalf of" should be deleted where a Contractor signs personally.*

3. *If at the time of the signing of this Agreement it is not possible to decide upon the figure to be inserted in Clause 1 the space may be left blank as the question of security is dealt with in Clause 4 and the Form provides for the amount of remuneration, if any, to be decided either by agreement or by Arbitration.*

On board the M/V LUKUGA

Dated 20. 12. 1956

† See Note 1 above — IT IS HEREBY AGREED between Captain† J. VAN ISACKER for and on behalf of the Owners of the "M/V LUKUGA" her Cargo and Freight and for and on behalf of N.V. Scheepvaart Maatschappij G. Doeksen en Zonen

* See Note 2 above — (hereinafter called "the Contractor"*):— J. Doeksen

1. The Contractor agrees to use his best endeavours to salve the and her cargo and take them into or other place to be hereafter agreed with the Master, providing at his own risk all proper steam and other assistance and labour. The services shall be rendered and accepted as salvage services upon the principle of "no cure—no pay" and the Contractor's remuneration in the event of success shall be **£ , unless this sum shall afterwards be objected to as hereinafter mentioned in which case the remuneration

** See Note 3 above

Wir wurden vom Kapitän informiert, dass der Maschinenraum innerhalb kürzester Zeit nach der Kollision vollgelaufen war. Das Maschinenpersonal hatte gerade noch Zeit, den Maschinenraum zu verlassen. Gleichzeitig wurde berichtet, dass die Laderäume 3, 5, und 6 Wasser machten. Der Laderaum 6 lief schnell voll.

Um 6.00 Uhr erschien das Motorrettungsboot BRANDARIS der Station Westterschelling der holländischen Rettungsgesellschaft, der Koninklijke Noord-en Zuid-Hollandsche Redding-Maatschappij (K.N.Z.H.R.M.) am Unglücksort und übernahm von der HOLLAND die drei Passagiere und den 20-jährigen 4. Offizier Hubert.

An Bord war auch Dr. Smit, der die Erstuntersuchung durchführte. Die Passagiere werden später im Hotel Oepkes auf Terschelling untergebracht und reisen am nächsten Tag nach Hause, um Weihnachten zu feiern.

STRANDUNGSBERICHT DES MOTORRETTUNGSBOOTES BRANDARIS

OCEAAN, später Schlepper ZUIDZEE mit MRB BRANDARIS im Hafen von West-Terschellling

Fahrtbeschreibung: (Originalbericht) Empfingen um 03:25 Uhr eine Meldung von der Küstenwache Brandaris (Leuchtturm und Funkstelle auf der Insel Terschelling), dass es auf Höhe der roten Tonne 5 und 6 zu einer Kollision zwischen dem norwegischen Tanker Bernhard HANSEN und dem Belgier LUKUGA aus Antwerpen gekommen war. In letzterem Schiff stand der Maschinenraum voll Wasser, weshalb dringend um Hilfe gebeten wurde. Die BRANDARIS verließ den Hafen um 03:35 Uhr, passierte um 04:40 Uhr die Außentonne von Stortemelk und bat den Schlepper HOLLAND, der mittlerweile bei der LUKUGA angekommen war, um eine Funkpeilung, die uns auf 90 Grad NW peilte. Setzten Kompass Kurs auf und waren um 05:45 bei den Schiffen längsseits. Der Kapitän der HOLLAND teilte uns mit, dass wir drei Passagiere mit Gepäck mitnehmen sollten. Später kam auch noch der 4. Steuermann an Bord, der bei der Kollision verletzt worden war und ärztliche Hilfe benötigte. Wir waren um 07:30 Uhr mit allem fertig und fuhren über Stortemelk zum Hafen von Terschelling, wo wir um 08:15 Uhr anlegten.
Die Geretteten sind :1. CH. G. A. F. de Schepper. Hafenmeister in Leopoldstad,

Das Motorrettungsboot BRANDARIS II wurde 1923 auf der Werft von der Nederlandsche Scheepsbouw Maatschappij in Amsterdam aus Siemens-Martin Volleisenstahl gebaut. Länge: 18,35 m, Breite: 4,7,m, Tiefgang: 1,40 m ,BRT: 46t, Zwei 1-Zyl.-Rohöl-Kromhout Dieselmotoren gaben je 45 PS für 8,5 kn Geschwindigkeit. 1949 wurden die Kromhout-Motoren durch zwei 6-Zyl.-Geländefahrtmotoren von jeweils 120 PS ersetzt. Die Geschwindigkeit betrug jetzt 9,25 kn. Das Motorrettungsboot war von 1923 bis 1960 auf Terschelling stationiert, danach tat es Dienst in Scheveningen. 1966 außer Dienst gestellt und verkauft. Insgesamt fuhr es 373 Mal zur Rettung aus, wobei 513 Menschen gerettet werden konnten.

Belgisch-Kongo. 2. Frau Schepper, 3. A. M. Verbaeten, Ingenieur, an Bord gekommen in Las Palmas 4. Th. Hubert, 4.Steuermann der LUKUGA.Besatzung: Schipper (Vormann-Kapitän): Jan Toxopeus, Stuurman (Steuermann): J.de Beer, Motordrijver (Maschinist): H. de Jong, Opstapper (Freiwilliger Rettungsmann : H. Spits.

Fortsetzung Bericht des Kapitäns der HOLLAND: Um 6.35 Uhr wurde die 6-Inch-Schlepptrosse auf der Backbordseite des Vorschiffes der LUKUGA festgemacht. (Kein leichtes Unterfangen, da die Spillköpfe des Ankerspills zum Überholen der Trosse nicht gebraucht werden konnten. Die Trosse musste somit von Hand geholt werden. Hinzu kommt, dass ein sechszölliger Stahldraht nun mal nicht schwimmt, sondern vom Schlepper aus zunächst über Grund geht.) Um 6.53 Uhr taute die HOLLAND an. Da die Reeder der LUKUGA forderten, das Schiff zum nächstgelegenen sicheren Platz zu bringen, entschieden wir, das Schiff auf die Reede von Borkum zu schleppen. Diese Entscheidung wurde gefällt, nachdem wir folgende Punkte einbezogen hatten:

Der Schlepper ZUIDZEE wurde 1944 auf der Werft von Hodgson, Green und Haldeman in Long Beach (USA, Kalifornien) für die US-Navy als OCEAAN gebaut und war dort bis 1945 in Dienst. Länge: 35,00 m, Breite: 8,55 m, Tiefgang: 3,47 m. BRT: 258,30 Der 6-Zyl.-Fairbanks-Morse-Dieselmotor leistete 600 PS. Im September 1946 in Amsterdam von der Firma Doeksen begutachtet, gekauft und im Mai 1947 in Fahrt gebracht. Ab September 1947 an die Firma L. Smit und Co. Internationale Sleepdienst verchartert. Da dort bereits ein Schlepper unter dem Namen OCEAAN Dienst tat, wurde der Namen in ZUIDZEE geändert. Im März 1959 an Loukas Matsas in Piraeus (G) verkauft und als PROTEUS im April 1959 aus Rotterdam abgefahren.

1. sehr schwerer Wassereinbruch, 2. zunehmendes Schleppgewicht, 3. Flutstrom im Rücken. In der Zwischenzeit wurden die transportablen Motorpumpen im Maschinenraum eingerichtet und in Betrieb gesetzt. Obwohl die Pumpen arbeiteten, konnte kein Rückgang des Wasserstandes im Maschinenraum beobachtet werden. Aufgrund der kritischen Situation der LUKUGA wurde entschieden, die starken mächtigen Schlepper SEEFALKE (Bugsier) und ZUIDZEE (Doeksen) zur Unterstützung herbeizurufen. Wetter: mäßiger Süd-Südost Wind, zuerst undurchdringlicher Nebel, später aufklarend. Als um 09.30 Uhr der Schlepper ZUIDZEE (Kapitän Gossen Gorter) eintraf, bekam er Order, am Heck der LUKUGA festzumachen.ZUIDZEE übernahm den Part des Steuerschleppers. LUKUGA hatte Blackout und konnte so die Rudermaschine nicht fahren, nicht mitsteuern. Um 9.30 Uhr erreichte die SEEFALKE (Kapitän W. Schröder) ebenfalls die Unfallstelle. Er machte längsseits der LUKUGA fest und übergab einige transportable Motorpumpen auf das Schiff, anschließend befestigte SEEFALKE seine Trossen auf der Steuerbordseite des Vorschiffes der LUKUGA. Die Geschwindigkeit des Schleppzuges betrug ungefähr

Das Feuerschiff TERSCHELLINGER BANK wurde 1933 von der Rijkswerf Willemsoord, Den Helder (NL) gebaut.Länge: 42,60 m ,Breite: 7,67 m ,Tiefgang: 2,82 m ,BRT: 424 Die Laterne befand sich in 20 Metern Höhe und trug eine Glühbirne von 4000 W. Die Besatzung bestand aus 14 Mann.Am 06.09.1933 wurde die TERSCHELLINGER BANK als Lichtship No. 9 auf Position 53° 27 Nord und 4° 52 Ost in Dienst gestellt.
Während des 2. Weltkrieges wurde es als Luftabwehrplattform genutzt, durch englische Flugzeuge versenkt, nach dem Krieg auf ihrer Bauwerft wieder hergestellt und ab 1948 auf der alten Position erneut stationiert, wo sie im Dezember 1956 auch lag. 1971 wurde die Auflösung der Station Terschellingerbank beschlossen. Das Feuerschiff No. 9 wurde Reserveschiff auf der Station Noord-Hinder. 1979 Außerdienststellung, der Rumpf dient heute als schwimmender Kiosk in Walsoorden, der Laternenmast steht heute im Yachthafen von Monnickendam.

6,2 Knoten. Um 9.50 Uhr querab Feuerschiff TERSCHELLINGER BANK. Die ZUIDZEE berichtete SEEFALKE und HOLLAND, dass das Achterschiff der LUKUGA weiter und weiter sank. Die bereits gefährliche Situation verschlimmerte sich zusehends. Um 16.25 Uhr waren wir nur noch ein paar Meilen vom Ansegler des Hubertgats entfernt. Dieser besondere Moment, als die Situation besonders kritisch wurde, entschieden wir, um das Versinken der LUKUGA zu verhindern, das Schiff ohne Verzögerung auf die gefährlichen Bänke von Schiermonnikoog zu setzen. Ein beladenes Schiff, mit einem so großen Leck mittschiffs, auf diese besonders gefährlichen Gründe zu setzen, versprach nichts Gutes. In Anbetracht des Winters und der gefährlichen Treibsände bestand ein großes Risiko, das Schiff zu verlieren. Innerhalb einiger Tiden hätte es durchbrechen können. Dieses unglückliche Schicksal ereilte den Johnson-Liner ECUADOR am Anfang des gleichen Jahres.

DAS SCHICKSAL DER ECUADOR

Stichting Guusjen – Geschichte ECUADOR
– die beste misslungene Bergung von Kees Dekker
Übersetzung : Andrea Akkermann, Amsterdam/Borkum

Während der Zeit, als die HOLLAND diesen Sommer wieder vor Guusjen im Heimathafen lag, wurde an Bord mehrere Male der Film „Stranding“ gezeigt. Darin geht es um eine Schmuggelaffäre, und der zweite Teil wurde an Bord der gestrandeten ECUADOR sowie auf Terschelling gedreht. Viele Terschellinger wirkten dabei als Statisten mit, zum Beispiel als Passagiere, die vom Rettungsboot BRANDARIS an Land gebracht wurden. Andere spielten in dem Film einfach sich selbst: Die Herren Sip Cupido und Jaap Swart nahmen wie gewohnt die Geretteten im Namen der Rettungsgesellschaft auf.

Das Seenotrettungsboot BRANDARIS bei der ECUADOR. Nach einem Gemälde von Monsma.

Das Motorschiff ECUADOR wurde 1940 auf den Götaverken in Göteborg unter der Bau-Nr.543 für die Rederi A/B Nordsternan,Stockholm, gebaut. Länge :128,30 m. Breite :17,00 m. 6980 BRT. Zwei Dieselmotoren für eine Fahrt von 15 kn.
Das Motorschiff befand sich auf der Fahrt von Buenos Aires nach Stockholm, als es in der Nacht vom 28. auf den 29.02. 1956 auf der Position :53 20 39 N, 004 52 39 O vor der niederländischen Insel Terschelling strandete.

MS ECUADOR

In den Herbstferien wurden Ausschnitte aus diesem Spielfilm um eigene Aufnahmen des Kulturhistorischen Vereins „Schylge myn Lantse"ergänzt, in der Terschellinger zu Wort kamen, die in irgendeiner Weise mit der Bergung der ECUADOR verbunden waren. Diese Geschichten waren sehr unterhaltsam. Nicht nur stellte sich heraus, dass man bei der Bergung gut verdient hatte, sondern es kam auch eine Reihe von Schmuggelpraktiken ans Tageslicht. Diesmal nicht mit Diamanten wie im Spielfilm, sondern es ging um die an Bord „gefundenen" Dinge, teils aus dem Inventar des Schiffs, teils aus der Ladung der ECUADOR.

Die Ladung konnte sich nämlich sehen lassen: Wolle, Kaffee (ungeröstet), Trauben, Birnen, Corned Beef, päckchenweise Butter usw. Viel Schmuggelware wurde von demjenigen, der sie in seine Obhut genommen hatte, noch vor Wiedererreichen des Hafens von Terschelling in Höhe des Spathoek über Bord geworfen, um sich anschließend, wenn man den Zoll passiert hatte, schnell wieder Richtung Noordsvaarder aufzumachen, um die Beute abzuholen. Nicht nur diese Filmaufnahmen, sondern auch das Taucherteam ECUADOR und das Strandräubermuseum „Juttersmuseum" von Hille van Dieren haben viel dazu beigetragen, dass die Bergung der ECUADOR bei vielen im Gedächtnis geblieben ist. Trotzdem hat mich der letzte HOLLAND Besuch dazu gebracht, die Erinnerung an die ECUADOR noch einmal aufzufrischen. Aufgrund einer Kommunikationsstörung zwischen Nordseelotsen und dem Kapitän strandet am Abend des 28. Februar

Die gestrandete ECUADOR, mit längsseits v. l. n r.: die TERSCHELLING, die STORTEMELK II und die WILLEM BARENTDSZ. Längsseits der STORTEMELK II das Zollboot und längsseits der WILLEM BARENTDSZ das Motorbeiboot der HOLLAND. Foto: Cor Swart.

1956 das schwedische Fracht- und Passagierschiff ECUADOR vor Terschelling. Der Kapitän erhält von der Reederei zunächst keine Zustimmung, Schlepper um Hilfe zu bitten, was – wie sich später herausstellt – die Johnson Line teuer zu stehen kommen sollte.

Erst am nächsten Morgen (29. Februar) wird die Bergungsstation Terschelling durch einen Anruf der Firma „Meijer en De Jong“ aus Rotterdam verständigt. Diese Firma fungiert als Agent für viele skandinavische Reedereien und ist bekanntermaßen mit „van Doeksen“ verbunden. Obwohl noch kein Auftrag vorliegt, läuft die HOLLAND aus. Gegen zwölf Uhr ist die HOLLAND vor Ort, und Volkert Doeksen wird per Motorbeiboot zur ECUADOR gebracht. So kommt auch die Schlepperverbindung zustande. Man einigt sich zwar schon auf „no cure – no pay“, die Papiere werden aber erst später ausgefüllt. Die HOLLAND beginnt sofort mit dem Abschleppen, und auch die ZUIDZEE wird um Hilfeleistung gebeten. Dieser zweite Schlepper macht um 14:30 Uhr am Vorschiff der HOLLAND fest.

Saugbagger TERSCHELLING. Foto: Cor Swart.

Die Wettervorhersage ist schlecht: Sturm aus West, später abziehend Richtung Nordwest. Die neun Passagiere werden sicherheitshalber vom Seenotrettungsboot BRANDARIS von Bord geholt. Bei Einsetzen der Ebbe haben beide Schlepper größte Mühe, bei einer immer stürmischeren See nicht auf die Sandbänke aufzulaufen. Das Wiedereinholen des Motorbeibootes der HOLLAND, das bis dahin mit dem Peilen des Fahrwassers beschäftigt war, erweist sich als schwierige Aufgabe, gelingt aber zum Glück. Als die ZUIDZEE wiederholt auf die Sandbänke aufläuft, muss sie sich losmachen, um tieferes Wasser aufzusuchen. Dies gelingt ihr auch, allerdings wird dabei das Ruder beschädigt, wodurch nur noch mit den beiden Schrauben manövriert werden kann. Zudem stellt sich heraus, dass dieser Schlepper leck geschlagen ist, was allerdings mit Pumpen unter Kontrolle gehalten werden kann. Die HOLLAND gerät ein wenig später in Probleme. Kapitän Doeksen möchte daher auch gern abbrechen und sich auf und davon machen, aber Volkert Doeksen dringt darauf, den Schleppversuch noch eine Weile fortzusetzen. Nach einer halben Stunde wird es dann aber zu riskant. Von der ECUADOR wird die Schlepptrosse losgeworfen, und mit dem Schlepptau hinter sich herziehend, sucht die HOLLAND tieferes Wasser auf, um anschließend das Tau einzuholen.
An dem Abend berichtet der erste Maschinist der ECUADOR, dass die Fundamente der Hauptmotoren Risse aufweisen, sodass die Motoren nicht mehr eingesetzt werden können. Am nächsten Tag (1.März) machen Maschinenraum und diverse Tanks Wasser, entsteht an der Steuerbordseite des Schiffsrumpfs ein Riss

Die ECUADOR ist auseinandergebrochen! Foto: Archiv Doeksen

und macht das Schiff 15 Grad Schlagseite nach Backbord. Die BRANDARIS holt nun auch den größten Teil der Besatzung (41 Mann) von Bord. Später am selben Tag fällt der Hilfsmotor für das elektrische Licht aus, sodass der an Bord gebliebene Kapitän, der erste und der dritte Steuermann, der Steward, der Funker des Nordseelotsen und der Bergungsleiter (Herr V. D.) ohne Licht und Heizung sind. Die Wetterbedingungen bleiben schlecht, Windstärke 9 bis 10, zwischenzeitlich abnehmend, aber die See türmt sich immer weiter auf.

Am 2. März werden die Bedingungen an Bord untragbar, weshalb die an Bord verbliebenen Personen von der BRANDARIS abgeholt werden. Fenster und Bullaugen gehen zu Bruch, und man geht davon aus, dass das Schiff jeden Moment auseinanderbrechen kann. Lange Rede, kurzer Sinn: Die ECUADOR bricht letztendlich am 11. April auseinander. Obwohl an den darauffolgenden Tagen noch ein Versuch gemacht wird, mit der HOLLAND zumindest das Vorschiff wegzuschleppen, hat man keinen Erfolg. Den hat die Reederei Doeksen nur mit der Bergung der wertvollen Ladung, die man ab Mitte März aufnimmt.

An den Tagen, an denen das Wetter dies zulässt, arbeitet man an Bord der ECUADOR in Schichten. Inzwischen sind auch zusätzliche Aggregate und Pumpen an Bord gebracht worden. Um noch mehr Pumpenkapazität zu erzielen, wird die TERSCHELLING mit ihrer schweren Saugpumpe eingesetzt. Der lose Kaffee

MS ECUADOR

MS ECUADOR

in der nassen Umgebung bereitet Probleme, auch für die Pumpen. Um diesen Kaffee dennoch bergen zu können, kauft Doeksen von der Wasserbehörde einen Posten Jutesäcke. Die geborgene Ladung wird größtenteils per Binnenschiff nach Amsterdam transportiert. Dort wird sie mit kurzen Unterbrechungen vom Expertisebureau Binnendijk-Bree versteigert. In Groningen wird ein Posten mit 2 Tonnen Trauben für 0,50 Gulden pro 100 kg verkauft! Meiner Einleitung haben Sie bereits entnehmen können, dass nicht alles auf diese Weise wieder an den Mann gebracht wurde. Auch lässt sich nicht mehr feststellen, ob das Zollboot, das am 10. März einen großen Posten Destilliertes und Rauchartikel von Bord holte, rechtzeitig vor Ort war, um die gesamte Ladung zu bergen. Das noch brauchbare Inventar der ECUADOR, wie Möbel, Radar- und Funkgeräte, wird etappenweise nach Terschelling transportiert, ebenso die Rettungsboote. Am 25. Juli wird die Bergung von der Reederei Doeksen als abgeschlossen betrachtet. Bis dahin ist es gelungen, einen Großteil der wertvollen Ladung an Land zu bringen, aber auch den kostbarsten Teil des Schiffsinventars. Obwohl hohe Kosten entstanden sind, mehrere Schiffe wiederholt Havarien erlitten und am 16. Juni die Motorschute ZEEHOND durch einen Schlag gegen die ECUADOR verlorenging, kann man doch von einer gelungenen Bergung sprechen, von der auch Terschelling und Umgebung profitiert haben. Allerdings sollte es noch bis Juni 1958 dauern, bis in London der Bergungslohn festgelegt werden würde.

Um 16.50 Uhr wurde die LUKUGA auf den Außenbänken von Schiermonnikoog auf Grund gesetzt. Die extrem gefährliche Entscheidung war ausgeführt worden. Die Schlepper SEEFALKE und ZUIDZEE legten ab. Die HOLLAND schleppte weiter, um die LUKUGA höher auf die Bank zu ziehen. Um die Sicherheit der Mannschaft der LUKUGA und des Bergungspersonals abzusichern, erschien die INSULINDE (Motorrettungsboot der Station Oostmahorn der K.N.Z.R.M.) am Strandungsort und verblieb in der Nähe.

Das Motorrettungsboot INSULINDE am Anleger in Oostmahorn

(Der Originalbericht der INSULINDE ist leider nicht in den niederländischen Archiven zu finden.)

MRB INSULINDE erreicht die LUKUGA
Links: Schlepper DANZIG

Am 20. Dezember lief die INSULINDE von Oostmahorn aus, um die belgische MS LUKUGA zu begleiten, die von einem deutschen und einem niederländischen Schlepper zur Ems geschleppt wurde, da das Schiff viel Wasser machte. Um 15:45 Uhr wurde der Schleppverband in der Nähe der Tonne ET 16 erreicht. Der deutsche Schlepper SEEFALKE teilte mit, dass man die LUKUGA auf Grund setzen wolle, da man ihr Sinken befürchtete. Eine Dreiviertelstunde später wurde der Belgier nordöstlich von Schiermonnikoog auf Grund gesetzt. Wind aus SO, Stärke 2, ruhiges Wetter. Der Nebel hatte sich gelichtet. Der Vormann der INSULINDE setzte sich mit dem Kapitän der LUKUGA in Verbindung. Dieser bat den Vormann des Rettungsboots, in der Nähe zu bleiben. Es bestand nämlich die Möglichkeit, dass ein Teil der Besatzung von Bord gehen könnte. Mittlerweile hatte der Wind auf ONO gedreht und an Stärke zugenommen, die LUKUGA lag jedoch fest auf Grund. Der Elektroherd war ausgeschaltet, sodass der Schiffskoch des belgischen Schiffs weder Essen noch Kaffee kochen konnte. Die INSULINDE sorgte daher für das nötige kochende Wasser. Der Maschinenraum hatte ein Loch von 4 Metern Höhe und 3 Metern Breite. Ein Taucher stellte fest, dass das Schott zum Wellentunnel offenstand. Über ein Leck im Tunnel drang das Wasser in Kam-

Das Motorrettungsboot INSULINDE wurde 1923 auf der Werft der Gebr. Niestern in Farmsum , Delfzijl , unter der Bau-Nr. 155 aus Siemens-Martin-Volleisenstahl gebaut. Länge: 18,80 m, Breite: 4,05 m, Tiefgang: 1,30 m BRT: 50. Zwei Kromhout-Dieselmotoren mit je 50 PS bei 400 Umdrehungen gaben dem Boot eine Geschwindigkeit von 9 kn. 1949 wurden die Kromhout-Dieselmotoren ersetzt durch zwei 6-Zyl.-Geländefahrdieselmotoren, jeweils mit 120 PS - jetzt hatte das Boot eine Geschwindigkeit von 10 kn. Das Motorrettungsboot INSULINDE war von 1927 bis 1965 in Oostmahorn stationiert und wurde dann von dem Motorrettungsboot GEBRÜDER LUDEN ersetzt. Die INSULINDE gehört heute zur Museumsflotte des Niederländischen Reddingbootmuseums „Dorus Rijkers" in Den Helder.

mer 5 und 6 ein. Es gelang, das Schott zu schließen. Erst danach war es möglich, mit Pumpen dem Wassereinbruch in den Kammern entgegenzuwirken. Am 21. Dezember um 17 Uhr begann der Wind aus Nordwest zu wehen, Stärke 5. Um 18:30 Uhr mussten die Schlepper und die INSULINDE die LUKUGA verlassen. Um 23 Uhr begannen die Schlepper zu ziehen, das Schiff kam jedoch nicht frei. Am 22. Dezember um 1:30 Uhr wurden die Schleppversuche eingestellt. Den-Schleppern war es wohl gelungen, die LUKUGA herumzuziehen. Sie lag nun mit

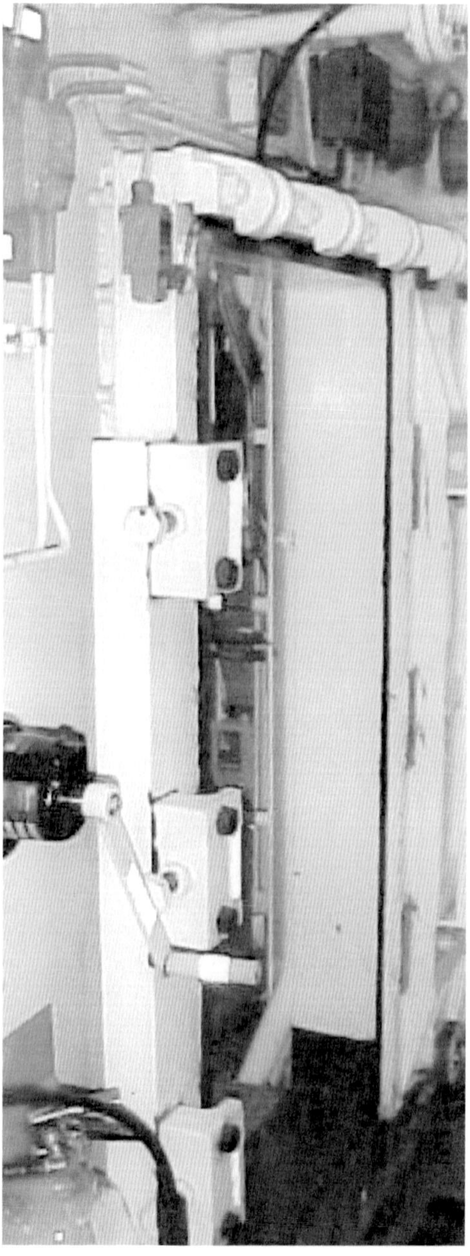

dem Bug zur See. Die INSULINDE fuhr um 3 Uhr nach Oostmahorn, um Brot für die LUKUGA zu holen, und war um 12 Uhr wieder vor Ort. Um 12:40 Uhr gelang es vier Schleppern, die LUKUGA flottzubekommen. Es bestand jedoch noch immer die Gefahr des Sinkens, sodass die INSULINDE in der Nähe blieb und mit in Richtung Borkumer Reede fuhr. Dank der vielen Pumpen, die in Betrieb waren, konnte das hereinströmende Wasser bewältigt werden. Der Kapitän der LUKUGA bedankte sich für die Hilfeleistung der INSULINDE, woraufhin das Rettungsboot um 16 Uhr nach Oostmahorn zurückkehrte, wo es um 20 Uhr eintraf – 51 Stunden nach Auslaufen der INSULINDE.

Es findet sich kein Hinweis auf die Anwesenheit des holländischen Motorrettungsbootes INSULINDE im Bericht des deutschen Bergungsinspektors G. Funk. Die INSULINDE war vom 20.12.-23.12. insgesamt für 51 Stunden im Einsatz Umgekehrt taucht die Fahrt des deutschen Motorrettungsbootes BORKUM vom 22. 12. seltsamerweise nicht im Bericht des holländischen Bergungsinspektors auf. Die BORKUM war am 22.12. von 06:40 Uhr - 16:50 Uhr, insgesamt für 10,5 Stunden im Einsatz. Nachdem die SEEFALKE und die ZUIDZEE ihre Schlepptrossen eingeholt hatten, machten sie längsseits der LUKUGA fest. Wetter: mäßige östliche Winde, nördliche Dünung.

Um 01.00 Uhr wurde ein Taucher der SEEFALKE runtergeschickt. Die Untersuchung ergab auf der Steuerbordseite drei Meter unter dem Wasserspiegel ein Loch von ungefähr vier Meter Höhe und zwei Meter Breite.

Um 2.30 Uhr kam ein deutscher Lotse an Bord des Schleppers HOLLAND. (Die Hafenbehörden von Emden verweigerten das Einlaufen des Schiffes in das Hubertgat, nicht bevor die Leckage abgedichtet sein würde, aus Angst, das sinkende Schiff könnte die Einfahrt und das Fahrwasser Hubertgat blockieren.) An Bord des Schleppers „SEEFALKE" wurde jetzt mit dem Bau eines Patches,(engl. Flicken) um das Loch zu schließen, begonnen.

Um 5.15 Uhr kam der Schlepper STORTEMELK II (Kapitän J. Visser) mit dem Bergungsinspektor Volkert Doeksen. (Er war von 1948-1970 Direktor der Firma Doeksen.) Mit an Bord war Commander Hubert.

Die STORTEMELK II brachte mehrere transportable Bergungspumpen und hatte verschiedene Gerätschaften und Material an Bord, um Leckagen zu schließen. Alles Material wurde auf die LUKUGA umgeladen. Um 14 Uhr wurde die STORTEMELK II eingesetzt, um weitere transportable Pumpen von der HOLLAND auf die LUKUGA zu setzen. Aufgrund der nördlichen Dünung drängten die Schlepper aufeinander. Es gab Schäden an der Bordwand und des Schanzkleides der HOLLAND und der STORTEMELK II.

Die Wettervorhersage war schlecht: Zunehmender Wind, West-Nordwest mit Regenböen. Eine schwere Dünung lief bereits an der LUKUGA. Nun wurde die Situation extrem gefährlich. Falls ein Nordweststurm ausbräche, wäre die LUKUGA unwiederbringlich verloren.

Die STORTEMELK II, (benannt nach dem westlichen Teil des Seegatts zwischen den Inseln Terschelling und Vlieland) wurde 1911 von der Arnhem'sche Stoomsleephelling Maatschappij, Arnhem, als Rheinschlepper für die Fa. Hartmann in Arnheim gebaut unter dem Namen STAD ARNHEM II. Maße im Jahre 1955: Länge: 26,95 m, Breite: 5,59 m, Tiefgang: 2,55 m BRT: 95,781916 von Doeksen aufgekauft und als „TS 31" ab 1919 in Zoutkamp als Fischdampfer stationiert. 1931 umgebaut für den Passagierdienst von Harlingen zur Insel Vlieland. 1939 auf der Werft von E. J. Smit in Hoogezand zum Motorschiff umgebaut. Von September 1939 bis Mai 1940 als „BV 6" im Dienst der Königlich-Niederländischen Marine und mit einer 5 cm Kanone bewaffnet. Ab November 1940 im Zivildienst zur Prise erklärt. Im April 1945 von der deutschen Besatzungsmacht im Hafen von Harlingen versenkt. Im Oktober 1945 gehoben und auf der ADM Werft in Amsterdam repariert. 1946 erhielt das Schiff auf der Werft von J. Smit einen neuen Motor. 1953 wurde ein Maiersteven auf der Werft Welgelegen in Harlingen aufgebaut. 1964 wurde das Ruderhaus aus Aluminium neu gebaut. 1985 bekam der Schlepper durch die eigene Firma einen neuen Schornstein, um anschließend an die Museumswerft 'T Kromhout verkauft zu werden. 1987 nach Surinam verkauft, dort als Fischkutter SA 31 ON STORTEMELK in Fahrt. Im Januar 1992 strandete das Schiff und ging verloren.

MS LUKUGA

Wir wurden erneut an das Schicksal des schwedischen Motor-Stückgut-und Passagierfrachters ECUADOR erinnert. Dieses eisverstärkte starke gebaute Schiff brach entzwei, bedingt durch die hohe See und die Treibsände, nachdem es zehn Stunden auf der Terschellinger Bank am Grund war.

Es musste also alles versucht werden, und nichts durfte unterlassen werden, um die LUKUGA, dieses kostbare Schiff und seine Ladung, wieder von den gefährlichen Bänken abzubergen. Was hatte aber das schnelle Absinken des Achterschiffes verursacht? Wir entdeckten, dass die wasserdichte Tür des Tunnels nicht vollständig geschlossen war. Übereinstimmend mit Kapitän Hubert lief das Wasser vom Tunnel über Speigattrohre in die Laderäume 5 und 6. Die einzige Möglichkeit, die Schottschiebetür des Tunnels zu schließen, war, einen Taucher dort hinunterzuschicken. Dies jedoch würde eine extrem gefährliche Arbeit werden. Auf der Wasseroberfläche im Maschinenraum lag eine dicke Schicht von Öl. Unter Wasser war es vollständig dunkel. Ein Taucher musste verschiedene Treppen hinuntersteigen und hatte seine Richtung mehrere Male zu ändern. Jederzeit bestand die Gefahr, dass seine luftdichte Bekleidung hängenbleiben und er verletzt werden

Wellentunnel

könnte. Nachdem diese gefährliche Situation ausführlich mit dem Taucher diskutiert, ihm die großen Risiken erklärt wurden, ging er hinunter. Als er tauchte, warteten wir alle in banger Erwartung. Würde diese Operation erfolgreich sein?

Sie war erfolgreich, die Schottschiebetür war geschlossen. Erst jetzt konnten wir entscheiden, die LUKUGA von den Sänden freizuschleppen. Der Tiefgang der LUKUGA war im Bereich des Hinterschiffes über 40 Fuß(über 13 m). Vom Schlepper STORTEMELK II kam die Nachricht, dass beim Festmachen an der LUKUGA durch die hohe Dünung ein schwerer Schaden an der Ankerwinde entstanden war. 30 Faden Kette und Anker konnten deshalb nicht eingeholt werden. Anker und Kette mussten geslippt werden. Der Kapitän der STORTEMELK II wurde aufgefordert, nach Terschelling zurückzukehren, um die Ankerwinsch reparieren zu lassen und den verlorenen Anker und Kette zu ersetzen. Schlepper ZUIDZEE hatte gleichzeitig einen Maschinenschaden der Steuerbordmaschine. Die Besatzung des Maschinenraumes arbeitete tatkräftig, um die Maschine zum Laufen zu bringen. Die Schlepper HOLLAND und SEEFALKE erhielten Order, die LUKUGA freizuschleppen. Die HOLLAND hatte festgemacht an der Backbordseite, SEEFALKE auf der Steuerbordseite des Vorschiffes. Die HOLLAND hatte weiter die LUKUGA auf die Bank gezogen, jetzt begann sie, in die Gegenrichtung zu ziehen. Beide Schlepper tauten nun mit voller Kraft. Die LUKUGA war ja auf südlichen Kursen auf die Sände gezogen worden. Sehr langsam wurde sie in nördliche Richtung gedreht.

22. DEZEMBER 1956

Um 0.07 Uhr ergab die Peilung, dass die LUKUGA um 180 Grad durch die Schlepper gedreht und ungefähr 100 Meter nach vorne gezogen worden war. Wetter: Hohe Dünung, starker Nordwest-Wind, tiefe Wolken mit Regenböen. Um 0.20 Uhr lief die LUKUGA erneut auf . Das Hinterschiff stieß schwer auf Grund. Die Ebbe trat ein. Die HOLLAND bekam den Befehl, weiter zu tauen, um die LUKUGA weiter in nördliche Richtung zu drehen. SEEFALKE ließ in der Nähe der LUKUGA den Anker fallen. Der Wind sprang auf Nord-Nordost um, Stärke 7 - 8 Beaufort. Schlepper STORTEMELK II bekam Order, unser transportables Diesel-Generatorset, 220 Volt DC Output 60 Kw, von Terschelling zu holen und es sofort zur LUKUGA zu bringen.

Um 04.00 Uhr in der Nacht wurde Direktor Piet Doeksen (Direktor von 1956-1983 und Neffe von Volkert Doeksen) von einem extra gecharterten Schiff auf der LUKUGA abgesetzt.

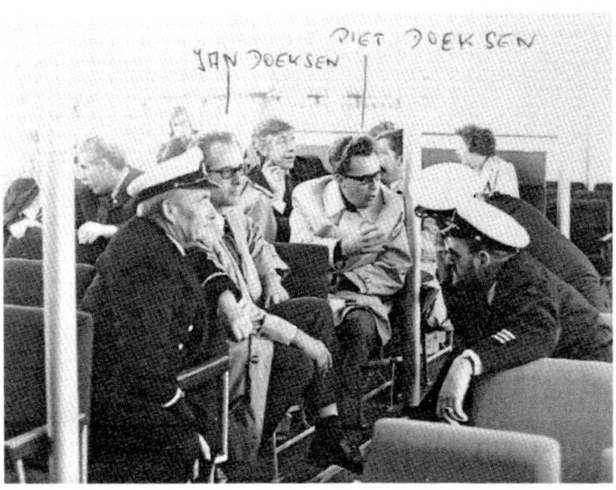

Jan und Piet Doeksen

Volkert Doeksen

Nach Unterredung mit dem Kapitän der LUKUGA und Bergungsinspektor Hubert wurde beschlossen, einen Teil der Ladung aus Laderaum 6 zu werfen. Zur gleichen Zeit wurde begonnen, die Achterpiek zu lenzen. Es wurde eine transportable 3-Inch-Pumpe installiert und in Aktion gebracht. Einen Tag vorher war die Bugsierreederei in Hamburg informiert und gebeten worden, so schnell wie möglich einen seegehenden Leichter von ungefähr 600 bis 700 Tonnen zu schicken, der einen Teil der Ladung der LUKUGA übernehmen sollte. Um 09.30 Uhr kam der Schlepper THOR (Kapitän W. von Allwörden) mit dem Seeleichter NATION (Kapitän Hermann Röttgers) an.

Aufgrund der hohen Dünung war es unmöglich, den Leichter neben der LUKUGA festzumachen. Der Leichter ankerte in der Nähe. In der Zwischenzeit war auch der Schlepper DANZIG (Kapitän G. Funk) der Bugsierreederei vor Ort angekommen. Die Schlepper SEEFALKE, THOR und DANZIG bekamen Order, am Vorschiff der LUKUGA festzumachen. Schlepper ZUIDZEE war immer noch mit der Reparatur seiner Steuerbordmaschine beschäftigt. Die Reparatur stand kurz vor dem Abschluss. Die vier Schlepper mit zusammen 9000 PS bekamen die Order, mit äußerster Kraft zu tauen.

Im Bericht des niederländischen Kapitäns wird ein Commander Hubert erwähnt. Albert J. Hubert wurde 1910 geboren und arbeitete bis 1980 für die CMB. Er starb 1994.

Am 12. Januar 1942 verließ die GANDIA (ex ARAWA, ex KÖNIGSTEIN) unter dem Kommando von Kapitän Maurice Potié mit dem Geleitzug ON-54 Liverpool auf der Reise nach St. John auf Neufundland/Kanada. Aufgrund des schlechten Wetters wurde der Konvoi gesprengt und die GANDIA setzte als Alleinfahrer die Reise fort, als sie am 22.01.1942 vom deutschen Unterseeboot U-135 unter Kommandant Hermann Praetorius torpediert wurde. Die 79 Besatzungsmitglieder, darunter 10 Kanoniere, verließen die GANDIA in vier Rettungsbooten, von denen zwei beim Herabfieren kenterten und die meisten Männer dabei ertranken. 18 Besatzungsmitglieder retteten sich in Rettungsboot Nr. 2, 28 Männer in das Rettungsboot Nr. 4.

Boot Nr. 2 trieb für 14 Tage auf See und wurde nach Abbrennen von Leuchtfackeln vom amerikanischen Zerstörer USS BERNADON unter Kapitän Robert E. Braddy gesichtet. 11 der Männer waren verstorben, darunter auch Kapitän Potié. Die Überlebenden wurden in Island gelandet und stationär im Krankenhaus behandelt. Boot Nr. 4, unter dem Ersten Offizier A. J. Hubert, trieb für 26 Tage auf See. Als der portugiesische Fischdampfer JOAO CORTE REAL, unter Kapitän Manuel Pereira, das Rettungsboot sichtete, waren 24 der 28 Männer verstorben. Die Überlebenden wurden in Oporto/Portugal gelandet und ärztlich versorgt.

Der Schlepper THOR (II) wurde 1942 bei der Lödöse varf AB, Lödöse (SE) unter der Bau-Nr. 75 für die BRB Danzig gebaut.
Länge 32,0 m, Breite 7,54 m, Tiefgang 3,36 m., BRT: 207,75
Ab Juli 1943 im Dienst der Kriegsmarine, 22. November 1943 nach einem Minentreffer in der Ostsee gesunken, gehoben und repariert. Mai 1945 in Kiel Auslieferung an die USA, ab März 1946 von der Bugsier gechartert, im Mai 1947 zurückgegeben und erneut für die BRB in Kiel in Dienst. Ab 1952 für die BRBA Hamburg in Dienst, ab Oktober 1968 aufgelegt in Hamburg. 1969 zum Abbruch an Eisen- und Metall-AG Hamburg verkauft.

A. J. Hubert blieb in den Diensten der CMB und fuhr als Kapitän auf dem belgischen Schiff RENE PAUL, das Agenten, Flüchtlinge, gerettete Flieger, nach Portugal geflüchtete Soldaten und kriegswichtige Güter zwischen Lissabon und Gibraltar transportierte.

Nach dem Krieg war er bei der CMB weiterbeschäftigt bis zum Administrateur général. Folgt man den Aufzeichnungen, wurde er mit der STORTEMELK II zusammen mit dem Bergungsinspektor Piet Doeksen um 05.15 Uhr aus Terschelling kommend auf der LUKUGA abgesetzt.

DANZIG (II) wurde 1937 bei Schichau-Schiffswerft in Danzig unter der Bau-Nr. 1420 für die Bugsier-, Reederei- & Bergungs GmbH gebaut. Länge: 38,09 m, Breite: 7,54 m, Tiefgang: 3,78 m. Die zwei 6-Zyl.-Viertakt-Schichau-Sulzer-Dieselmotoren leisteten 2150 PS für eine Geschwindigkeit von 11 kn, das Schiff hatte zwei Schrauben. War von Februar 1938 bis Februar 1974 in Besitz der Mayflower S. A. in Panama, umbenannt in MAYFLOWER VII. 1980 verkauft an Denver Equipment & Trading Co., Panama, umbenannt in PRINCESS I. 1982 verkauft an Sea Dragon Maritime Ltd., Panama und umbenannt in „PRINCESS II" noch 1991 in Fahrt.

Der Seeleichter NATION wurde am 05.03.1920 von der Werft Blohm + Voss unter der Bau-Nr. 408 an die Bugsier-, Reederei- und Bergungsgesellschaft AG, Hamburg, abgeliefert. Länge: 46 m, Breite: 8,35 m, Tiefgang: 3,40 m. 393 BRT.Das Schiff wurde kurzfristig umbenannt in BRONEK, dann wieder NATION. Nach Kriegsende als X-Schiff Nr. 2631 in Besitz der Reederei, 1972 in Bremerhaven aufgelegt und Anfang der 80er Jahre abgewrackt.

Peter Moeschlin: In den Wintern 1956 und 1957 arbeitete der Baseler Fotograf Peter Moeschlin als Kameramann zusammen mit dem Filmemacher Andreas Demmer auf der Insel Borkum und drehte den Werbe- und Dokumentarfilm: „Gefahr Nord West“ (siehe BurkanaVerlag). So entstanden zum zweiten Mal Bilder von hoher Qualität über das Rettungswesen und die Insel, nachdem bereits Heinz von Perckhammer Bilder im Jahr 1934/35 - sogenannte Propagandaaufnahmen - auf Borkum für die DGzRS gemacht hatte.(siehe „Untergang vor Borkum“ 1924 bis 1945, Bd. 2, die Geschichte des Rettungswesens im deutsch-niederländischen Seegebiet). Auf die Insel brachte er auch seinen PKW vom Typ Citroen mit. Leider wurde ihm der Tank mit Wasser verschmutzt, wie die Borkumer Zeitung schrieb.

Copyright by Peter Moeschlin
Photograph SWB Austrasse 35
Basel Telephon (061) 237558
Archiv No:

Albrecht Thun

Albrecht Thun

— **Unverständlich.** Seit nahezu acht Wochen weilen, wie wir bereits berichteten, zwei Schweizer Filmfachleute auf der Insel, um einen Film über das Rettungswesen herzustellen. Sie haben bereits umfangreiche, teils sehr gut gelungene Aufnahmen hergestellt. Zum Transport ihres umfangreichen Apparatematerials und auch, um zu jeder Zeit bei einer plötzlichen Ausfahrt des Rettungsbootes bereit zu sein, haben sie ihren Personenwagen mitgebracht, der in freundlicher Weise beim Güterboden untergestellt werden durfte. Bei der letzten Nachtfahrt des Rettungsbootes, an der sie ebenfalls teilnehmen wollten, mußen sie leider feststellen, daß „Fachkundige" ihnen den Benzintank und den Motor mit Schnee verdreckt hatten, so daß sie nur bis etwa zum Gaswark kamen, wo sie den Wagen stehen lassen mußten. Bei ihrer späteren Rückkehr hatten bisher noch Unbekannte inzwischen die Scheiben mit Steinen eingeschlagen.

Wir sagen allen Borkumern

„Aufwiedersehen"

Die Schwietzer

Peter Moeschlin, Fotograf

Es existieren auch Aufnahmen einer Sitzung des Ortsvereins Borkum der DGzRS von der Verabschiedung Albrecht Thuns im Restaurant „Aikes", und er hat auch die Bergung des Dampfers ARION dokumentiert. Die Schweizer waren auf Borkum sehr beliebt und verabschiedeten sich mit einer Anzeige in der Borkumer Zeitung von der Bevölkerung. Peter Moeschlin wurde 1925 in Basel geboren und verstarb dort 2003. Er ging 1940 bis 1943 in die Fotografenlehre bei C. Hoffmann in Basel, 1943 bis 1947 war er Assistent bei Hermann Eidenbenz und anderen. Ab 1950 bis 1960 betrieb er sein eigenes Studio in Basel, nicht nur für Fotoaufnahmen, sondern auch für Filmproduktionen und Werbung.

Sein Fotoarchiv gelangte mit Hilfe der Christoph-Merian-Stiftung und der Ethnologin Barbara Lüen ins Staatsarchiv Basel-Stadt, wo 39 000 Bilder archiviert sind.

Da er im Dezember 1956 bereits auf Borkum arbeitete, Insel und Leute kannte, fuhr er mit dem Motorrettungsboot BORKUM zur LUKUGA hinaus . Er war auch an Bord, als dieses Schiff vor Schiermonnikoog auf Grund gesetzt wurde, erneut geborgen wurde und hier entstanden die einzigartigen Bilder von den Schleppern THOR, DANZIG, SEEFALKE, ZUIDZEE und von dem MRB INSULINDE und MRB BORKUM.

Schlepper DANZIG in Aktion vor Norderney,

Gegen 11 Uhr begann die LUKUGA erneut aufzustoßen. Die Achterpiek war gelenzt und ungefähr 100 t der Ladung über Bord geworfen worden. Die Tanks und Laderäume wurden stündlich gepeilt. Die Schlepper zogen mit voller Kraft von Backbord nach Steuerbord und von Steuerbord nach Backbord, um das Schiff in Bewegung zu bringen. Nach der Kompasspeilung änderte die LUKUGA ihre Richtung langsam, aber konstant.

Um 12.30 Uhr bewegte sich das Schiff ein Stück nach vorne. Um 12.40 Uhr gelang es uns, die LUKUGA von den Gründen zu befreien. Wir gratulierten uns gegenseitig. Die Wettervorhersage war schlecht, aber die LUKUGA war frei von den gefährlichen Sänden. Sie war noch am Leben und wir hatten sie schwimmfähig gehalten. Als wir die Untiefen verließen, warf Schlepper THOR die Leinen los. In der Zwischenzeit hatte der Schlepper ZUIDZEE die Steuerbordmaschine repariert. Er wurde an das Heck der LUKUGA befohlen, um festzumachen, und als Steuerschlepper das Schiff auf dem richtigen Kurs zu halten.
Schlepper THOR kehrte zu dem verankerten Leichter zurück und bekam Order, die NATION so schnell wie möglich zur Borkum-Reede zu schleppen. Wir hatten uns entschieden, dort zu ankern. Die Tanks und Laderäume wurden stündlich

gepeilt. Aufgrund der hochgehenden See waren wir gezwungen, die Lukendeckel des Laderaumes Nummer 6 zu schließen. Der Tiefgang des Hinterschiffes der LUKUGA war über 40 Fuß.

Um 13.12 Uhr wurde die Hubertgat-Ansteuerungstonne passiert und um 14.40 Uhr die Insel Borkum. Als wir querab des Südstrandes der Insel waren, sahen wir das Sturmwarnsignal am Mast der Signalstelle Borkum. Um 15.00 Uhr warfen die Schlepper SEEFALKE und DANZIG ihre Schlepptrossen von der LUKUGA los. Um 15.10 Uhr ankerte die LUKUGA in der Nähe der Außenrandzel auf Borkum-Reede. Um 15.17 Uhr warfen auch Schlepper HOLLAND und ZUIDZEE die Leinen los. Der Schlepper HOLLAND machte an der Backbordseite der LUKUGA und der SEEFALKE an Steuerbord fest. Auf Schlepper HOLLAND wurden Vorbereitungen getroffen, die Elektrizität für die Beleuchtung und Heizung auf der LUKUGA wiederherzustellen. Der SEEFALKE begann mit dem Bau eines zweiten Patches. Der erste Versuch des Festmachens war am hohen Schwell der See gescheitert. Um 18.00 Uhr lieferte Schlepper HOLLAND elektrischen Strom. In der Zwischenzeit war der Hochseeleichter NATION im Schlepp von THOR angekommen. Er machte neben Luke 6 auf der Backbordseite der LUKUGA fest. Das Leichtern begann sofort mit Hilfe der gesamten Schlepperbesatzungen. Die Schlepper DANZIG und THOR wurden entlassen und kehrten zu ihren Stationen Cuxhaven bzw. Bremerhaven zurück.

Signalstelle Borkum

Funker Fritz Fuhs auf der Signalstelle

BERICHT VON VORMANN WILHELM EILERS, BORKUM

Während des Freischleppens von den Lauwersgründen leistete das MRB BORKUM große Hilfe durch die Übermittlung von Befehlen zwischen den beteiligten Schleppern.

(1124)

Deutsche Gesellschaft zur Rettung Schiffbrüchiger

Bezirksverein: Emden

Rettungsstation: Borkum

Rettungsboot: "Borkum"

Registernummer: KR P 21o

Bericht Hilfeleistung bei der Bergung des belg. M/S. „Lukuga"

über die

Rettungs- bezw. Bergungsfahrt
Hilfeleistung
~~Sonstige Einsatzfahrt~~
Vergebliche Rettungsfahrt
Übungsfahrt
Sonderfahrt

der Rettungsstation Borkum

am 22.12.1956

Bericht von Vormann Wilhelm Eilers, Borkum

Nachdem MS LUKUGA in der Nacht von Donnerstag auf Freitag vor Terschelling im dichten Nebel gerammt worden war, haben holländische und deutsche Schlepper die Überführung nach Emden übernommen. Das Schiff war vollkommen manövrierunfähig. Da die Gefahr des Sinkens bestand, wurde MS LUKUGA in Lauwersgründen, südwestlich der Tonne H. A. auf Grund gesetzt. Bei langen auffrischenden Winden hielten wir es für unsere Pflicht, die Sicherung an der gefährlichen Unfallstelle zu übernehmen. Somit liefen wir am 22.12.1956 um 06.40 Uhr aus und erreichten den Havaristen gegen 08.45 Uhr. Die gesamte Besatzung hatte Schwimmwesten angelegt. Durch den Inspektor der Bugsier-Reederei, Kapitän Funk, wurden wir gebeten, bis zum Hochwasser an der Unfallstelle zu bleiben. Unsere Unstützung bestand in nachfolgend aufgeführter Arbeit:
09.15 Uhr Funkgespräch mit Seefunkstelle. 20 Mann zum Leichtern des Havaristen bestellt.
09.25 Uhr Ein Mann vom Havaristen auf SEEFALKE übergesetzt.
09.35 Uhr Ein Mann vom Schlepper HOLLAND übernommen und auf den Havaristen übergesetzt.

MRB BORKUM, längsseits der LUKUGA

10.50 Uhr F.T. Verbindung an Schlepper SEEFALKE, Schlepper STORTEMELK soll von Terschelling Aggregat bringen.
11.50 Uhr F.T. Übermittlung Schlepper ZUIDZEE soll als Kopfschlepper auf Schlepper HOLLAND festmachen.
12.55 Uhr Havarist flott.
15.55 Uhr Havarist auf Reede Borkum geankert.
Vom Ausschleppen gegen 10.00 Uhr bis 15.45 Uhr wurde laufend der Borkumer Pegelstand an den Bugsier-Inspektor übermittelt. Auf MS LUKUGA wurden etwa 150 t Ladung (Ölkuchen) über Bord geworfen. Durch Wassereinbruch im Maschinenraum war das vollelektrische Schiff ohne Strom. Hierdurch waren die F. T.-Station, die Koch- und Heizanlage, das Ankerspill und die Ladewinden sowie Steueranlage vollkommen außer Betrieb. Wir wurden auf der Reede entlassen und machten um 16.15 Uhr im Hafen fest. Abfahrt 06.40 Uhr, ausgelaufen nach den Lauwersgründen, zurück über Hubertgat und 16.15 Uhr auf Borkum-Reede, Ponton 3, fest. Wind: Nordost 3-4, auf den Lauwersgründen Nordost 4-5
Dünung: 2-3. Wetter: Regenschauer
Besatzung: Vormann Wilhelm Eilers, Folkert Meeuw, Gerhard Feeken,
Freiwilliger Rettungsmann Christoffer Müller

Insgesamt Zeit 10,5 Std.

Um 08.00 Uhr wurden die Mannschaften der Schlepper durch Arbeiter der Insel Borkum ersetzt. Schlepper HOLLAND lieferte Elektrizität für die Winschen. Um jetzt den Laderaum 6 zu entladen, wurden zwei 3-Inch-Pumpen im Laderaum Nummer 6 herabgelassen. Sie wurden eingeschaltet und begannen zu arbeiten. In dem Gefrierladeraum wurde eine transportable 4-Inch-Pumpe installiert und damit dieser Laderaum so rasch wie möglich geleert. Der Schlepper STORTEMELK kam um 11.30 Uhr aus Terschelling mit dem 60 KW Dieselgenerator.

SEEFALKE neben LUKUGA

Um 13.30 Uhr legte der Schlepper HOLLAND an der Steuerbordseite des Hinterschiffes der LUKUGA an. Dies wurde gemacht, damit die HOLLAND mit ihrer eigenen starken Bergungspumpe den Tunnelausgang freipumpen konnte. Der Tunnelausgang befand sich zwischen Laderaum Nr. 5 und Laderaum Nr. 6. Durch die Kraft der zwei transportablen 3-Inch-Motorpumpen war Laderaum Nr. 6 vollständig leer gepumpt. Die folgenden transportablen Pumpen wurden im Maschinenraum eingerichtet: 2 Pumpen mit 6 Fuß, 3 Pumpen mit 4 Fuß, 3 Pumpen mit 3 Fuß. In der Zwischenzeit hatte der SEEFALKE den zweiten Patch fertiggestellt. Aufgrund der hohen Brandung sah jedoch der Taucher keine Möglichkeit, diesen Patch an die richtige Stelle zu platzieren. Das Löschen der Ladung aus dem Laderaum Nr. 6 auf den deutschen Leichter NATION ging weiter.

Schlepper ZUIDZEE

Um 08.20 Uhr wurde der Schlepper HOLLAND erneut auf die Backbordseite der LUKUGA verlegt. Vier 4-Inch-Schläuche wurden an die stationäre Bergungspumpe der HOLLAND angeschlossen. Diese vier Schläuche wurden durch zwei Bullaugen in den Maschinenraum der LUKUGA geführt. Um 10.00 Uhr kam Herr Funk von der Bugsier an Bord. Schlepper SEEFALKE war weiter damit beschäftigt, den Patch anzubringen. Um 11.20 Uhr war der Patch an der richtigen Stelle angebracht. Sofort traten die transportablen Motorpumpen und auch die stationäre Bergungspumpe auf der HOLLAND in Aktion, um den Maschinenraum zu lenzen.

Nachdem länger als eine Stunde gepumpt worden war, gab es nicht das geringste Zeichen dafür, dass sich der Wasserpegel senkte. Eine später durchgeführte Besichtigung durch einen Taucher, der den Patch inspizierte, ergab, dass der Patch sich durch den Seegang und den Tidenhub gelöst hatte. Um Heiligabend auf Borkum zu feiern, kehrten um 15 Uhr die Arbeiter auf ihre Heimatinsel zurück.

Als die Arbeiter die LUKUGA verlassen hatten, setzten die Mannschaften der Schlepper HOLLAND, ZUIDZEE und STORTEMELK II das Löschen der Ladung fort.

Um 16.00 Uhr ging der Taucher erneut nach unten. Es war sehr gefährlich, unter diesen vorherrschenden Bedingungen zu arbeiten. Bedingt durch die Brandung, wurde in einem Augenblick die See in das Loch hineingespült und im nächsten Moment herausgesogen. Die Arbeit hier neben den gebrochenen Platten war extrem risikoreich. Ein Taucher hatte sich bereits an den scharfen Kanten der geborstenen Plattengänge verletzt und war nicht weiter in der Lage zu tauchen. Nach einer Weile kam der Taucher erneut hoch und erklärte, dass es momentan unmöglich sei weiterzuarbeiten.

Das Löschen der Ladung ging bis 18.00 Uhr am Abend weiter. Um 22.30 Uhr tauchte der Taucher erneut im Maschinenraum, um einige Ventile zu schließen.

25. DEZEMBER 1956 - 1. WEIHNACHTSTAG

Die Mannschaften der Schlepper HOLLAND, STORTEMELK II und ZUIDZEE löschten weiter die Ladung aus Laderaum Nr. 6. Um 11.30 Uhr tauchte der Taucher erneut, um den Patch in die richtige Position zu bringen. Bedingt durch den Seegang und den Tidestrom gelang dies nicht. Das negative Ergebnis zeigte sich im unveränderten Wasserstand des Maschinenraumes.

Um 12.30 Uhr wurden die Pumpen gestoppt. Um 17.00 Uhr war der Leichter NATION beladen. Um 17.45 Uhr fuhr Schlepper ZUIDZEE mit der NATION in Richtung Emden.

Wetter: Starke bis sehr starke östliche Winde, raue See.
Der Dieseldynamo wurde auf dem Hinterschiff der LUKUGA aufgebaut.

LUKUGA im Schlepp von SEEFALKE und THOR,
rechts vorn MRB INSULINDE

Um 11.30 Uhr machte Schlepper STORTEMELK II seine Schlepptrosse auf dem Heck der LUKUGA fest, um die Backbordseite in die Windrichtung zu drehen. Dadurch gewannen wir Lee auf der Steuerbordseite und ermöglichten so dem Taucher, seine Arbeit zu tun. Um 12.30 Uhr stoppte die STORTEMELK II ihre Arbeit. Aufgrund der rauen See wurde der Patch wiederholt gegen die Außenhaut der LUKUGA geschlagen und dadurch erneut beschädigt. Der Patch wurde an Bord des Schleppers SEEFALKE gehoben, um ausgebessert zu werden. In der Zwischenzeit war es gelungen, 56 Arbeiter von Borkum für die Entladung am 2. Weihnachtsfeiertag anzuheuern. Um 12.30 Uhr erreichten die 56 Männer von der Insel Borkum das Schiff.Um 17.30 Uhr machte der niederländische Kümo BILL-S auf der Steuerbordseite der LUKUGA fest, und es wurde mit dem Entladen aus Laderaum 5 begonnen.

Das Motorschiff BILL-S (Kustvaarder) wurde 1947 von der Werft van Diepen in Waterhuizen (NL) unter der Bau-Nr. 903 für Zeevaart Maatschappij „Bill“, Rotterdam, gebaut.
Länge 50,98 m, Breite 8,69 m. Tiefgang 2,95 m, 499 BRT.
Die Dieselmaschine mit 450 PS verlieh dem Schiff eine Geschwindigkeit von 10 kn.
1959 an die Rederiet Meridian, Göteborg, verkauft und als MERIDIAN in Fahrt.
1964 weiter nach Kuwait verkauft und als HASSIM in Fahrt.
Ab 1971 verkauft an Abdullah Abdulaziz Al-Quattami in Kuwait und in deren Besitz sank die HASSIM am 20.12.1973 mit einer Ladung Asbest und Stahlschrott auf der Reise von Karachi nach Abu-Dhabi auf der Position 26 15 N, 056 44 E im Golf von Hormuz.

Wetter: starker ost-süd-östlicher Wind, raue See.

Um 19 Uhr kenterte die Tide und Schlepper HOLLAND wurde mit einem heftigen Schlag gegen die LUKUGA gedrückt. Auf der Steuerbordseite, in der Mitte des Schiffes nahe der Brücke, hatte dieser Schlag größere Beschädigungen bewirkt. Das Schanzkleid war eingedrückt, Stützen und Träger zerschlagen und die Holzarbeiten und die Verkleidung in den Salons ruiniert. Der geschätzte Schaden betrug ungefähr 6.000 holländische Gulden. Das Löschen der Ladung ging während der gesamten Nacht weiter.

6.40 Uhr. Aufgrund der schweren See war es nicht möglich, weitere Ladung auf den holländischen Kümo BILL-S zu leichtern, der neben der LUKUGA lag. Einige Male war das Schiff schwer gegen die LUKUGA geschlagen, was Beschädigungen an den Bullaugen und Eingängen auf der Steuerbordseite bewirkte. Auch die Bullaugen und Seitenplatten der BILL-S wurden stark eingedrückt. Aufgrund rauer See musste auch Schlepper SEEFALKE ablegen. Er ankerte in der Nähe. Der Kümo BILL-S bekam Order, obwohl er nicht vollständig beladen war, von der LUKUGA abzulegen und nach Hamburg zu fahren. Um 10 Uhr verließen die Borkumer Arbeiter die LUKUGA und wurden durch eine neue Mannschaft von der Insel ersetzt. Um 11.45 Uhr wurde das verbliebene Wasser aus Ladeluke 6 gepumpt. Danach wurde mit einer 3-Inchpumpe die Vorpiek gelenzt (ungefähr 100 t. Wasser). Um 14.00 Uhr legte die GISELA MEYER-GERHARDS auf der Steuerbordseite der LUKUGA an. 51 Arbeiter begannen die Entladung aus Laderaum 5. Durch den Dieselgenerator gab es jetzt Elektrizität für die Winschen, für eine Heizungsmöglichkeit und Licht. Um 19 Uhr wurde eine Pumpe auf dem Zwischendeck des Laderaumes Nr. 5 eingerichtet. Als alles eingerichtet war, begannen wir zu pumpen. Um 19.40 Uhr musste der deutsche Kümo GISELA MEYER-GERHARDS aufgrund der rauen See ablegen. Um 19.45 Uhr gab STORTEMELK II Elektrizität für die Beleuchtung in den Laderäumen der LUKUGA ab. Anschließend wurde eine Pumpe in die Ladeluke 6 hineingefiert. Ein Loch wurde in den Tunnelausgang gebrannt, um ein Pumprohr einzulegen. So war es möglich, vom tiefsten Punkt im Tunnel zu pumpen. Um 20.30 Uhr trat die Pumpe in Aktion. Um 23 Uhr legte der Leichter MAIKE MEYER-GERHARDS auf der Steuerbordseite der LUKUGA an, um weitere Ladung aus Laderaum Nr. 6 aufzunehmen.

Am 28. Dezember 1956, ungefähr um 2.00 Uhr, hatte einer der Arbeiter einen Unfall. Beim Hieven der Ladung geriet er mit dem Oberkörper zwischen ein volles Netzbrook und einer Strebe. Bewusstlos fiel er mit dem verletzten Brustkorb in den Laderaum herunter. Sofort setzten wir uns über die Signalstelle mit der DGzRS in Verbindung, um das Motorrettungsboot BORKUM der Station Borkum zur LUKUGA kommen zu lassen, um den Patienten abzuholen. Eine Stunde später war die BORKUM bei der LUKUGA längsseits, der Patient an Bord und ins Krankenhaus gebracht. Später wurde uns mitgeteilt, dass er sich drei Rippen gebrochen hatte. 1956 waren folgende Ärzte auf Borkum niedergelassen: Dr. med. Rudolf Bensch, Dr. med. Dietrich Bensch, Dr. med. Johannes Fraesdorf, Dr. med. Thiele, Dr. med. Wilhelm Schulte, Dr. med. Fritz Vömel, Dr. med. Hans Zühlke.

GISELA MEYER-GERHARDS

MAIKE MEYER-GERHARDS

Die GISELA MEYER-GERHARDS wurde 1951 unter der Bau-Nr. 797 auf der Rolandwerft Detlef Hegemann in Bremen-Hemelingen für Dr. Hermann Meyer-Gerhards & Co. GmbH, Bremen, gebaut. Länge: 38,40 m, Breite: 7,5 m Die Diesel MAK-Maschine leistete 250 PS. BRT: 298 . 1955 verlängert auf der Adler-Werft Bremen auf 50 m über alles, dann BRT 435. Das Schiff hatte viele Eigner, so 1960 H. Parchmann & Co. Reederei in Bremen, die es als RAINER PARCHMANN in Fahrt brachte; 1963 Tugo-Schifffahrts GmbH, Hamburg, als TUGO; 1963 HILDEGARD KNUEPPEL, Reederei Markus Knueppel, Bremen; 1974 HILDEGARD KNUEPPEL, Markus Knueppel, Mogadischu; 1974 verkauft an May Intern. Recr. Ltd. Nassau auf Bahamas, Mogadischu und als RICUNA in Fahrt; 1975 als SEQUEST I aus Mogadischu in Fahrt; 1975 als SEZAM, Egbert M. Sheppard, Mogadischu; ab 1976 als DOMINO der Fa. Weldeck Sg. Co. Ltd., Panama, in Fahrt. Am 01.11.1977 sank die DOMINO auf der Reise von Boston - Quimper, mit Weizen, 8 Meilen vor Quimper.

MAIKE MEYER-GERHARDS wurde als eiserner Gaffelschoner 1915 bei der Werft der Gebrüder Münter in Anklam erbaut. Länge 24,92 m, Breite 5,21 m, Tiefgang 2,35 m, 40,8 BRT. 1915 als EMMY unter Kapitän Albert Ermelin aus Kuhle auf Rügen in Fahrt. 1925 als INGEBORG, Kapitän Karl Trausen in Burg auf Fehmarn. 1927 Umbau und Neuvermessung, das Schiff erhielt jetzt einen Motor von 36 PS. 1927 INGEBORG, Kapitän Bernhard Heinike und als Segler mit Motor in Fahrt. 1928 INGEBORG, Kapitän Meinhard Lampin in Barßelermoor, 1933 INGEBORG, Kapitän Herbert Steenwert, Cuxhaven, 1935 HANS, Kapitän Otto Jaenicke, Altona, 1938 ATLANTIS, Kapitän Gustav Feldmann, Brunsbüttel-Kock, 1939 AURORA, Dr. H. Meyer-Gerhards, Borkum. 1947 wird ein neuer Motor eingebaut. 1953 Umbau, jetzt mit 100 BRT vermessen. 1954 erneut umgebaut und verlängert, 132 BRT, Länge 32,18 m, Breite 5,21 m, Tiefgang 2,35 m. 1958 MAIKE MEYER-GERHARDS, 1959 verkauft an Kapitän Günter Dreyer auf Borkum als AURORA I, 1963 EGENHULL, Kapitän Rolf Roden Borkum/Emden. 1976 wird das Schiff im Register des Germanischen Lloyd gestrichen, der Verbleib ist unbekannt.

Bericht über die sonstige Einsatzfahrt der Rettungsstation Borkum am 28. 12 1956.

Deutsche Gesellschaft zur Rettung Schiffbrüchiger

EINGEG. - 3. JAN. 1957

Bezirksverein: Emden

Rettungsstation: Borkum

Rettungsboot: "Borkum" Registernummer: KR B 21o

Bericht

über die
Rettungs- bezw. Bergungsfahrt
Hilfeleistung
Sonstige Einsatzfahrt
Vergebliche Rettungsfahrt
Übungsfahrt
Sonderfahrt

der Rettungsstation Borkum

am 28. Dezember 1956

~~Kranken~~ Verletzten transport

Auf Anforderung des Schleppers " Holland" wurde in der Zeit von 02,4o h bis 03,5o h ein Verletzter von M.S. "Lukuga" abgeholt und in das hiesige Krankenhaus überführt. Der Verletzte gehörte zu der Borkumer Arbeitskolonne, die mit dem Leichtern des M.S."Lukuga" beschäftigt waren.
Die Nachrichtenübermittlung wurde auf 1665 kHz. über die Seenotwache abgewickelt .
Bei dieser Fahrt wurde beobachtet und an das Wasser- und Schifffahrtsamt,Emden, gemeldet, daß die Leuchttonne E.C, erloschen war.

gez. W. Eilers
Vormann

Taxifahrt der Besatzung DM 8.-

Gelesen und ohne Bemerkungen / mit untenstehenden Bemerkungen weiterbefördert.

Nordseebad Borkum, den 31.12. 1956

Der Ortsausschuß

Vermerke der Seenotdienstleitung:	Bemerkungen:
Personen gerettet: /	
Personen aus Gefahr befreit: /	
Rettung bezw. Bergung Hilfeleistung Sonstige Einsatzfahrt Vergebliche Rettungsfahrt Übungsfahrt Sonderfahrt — 1 Verletzten befördert	
Anzahl der beteiligten Rettungsmänner: 2	
Prämien: /	
a) je Rettungsmann: –	
b) für erste Meldung: /	Lt. Bericht
Neue Mitglieder: /	Nr. 1124 v. 22.12.56
Spenden: –	
Entschädigungen: /	

3.1.57

Auf Anforderung des Schleppers HOLLAND wurde in der Zeit von 02.40 Uhr bis 03.50 Uhr ein Verletzter von MS LUKUGA abgeholt und in das hiesige Krankenhaus überführt. Der Verletzte gehörte zu der Borkumer Arbeitskolonne, die mit dem Leichtern der MS LUKUGA beschäftigt war. Die Nachrichtenübermittlung wurde auf 1 665 kHz über die Seenotwache abgewickelt. Bei dieser Fahrt wurde beobachtet und an das Wasser- und Schifffahrtsamt Emden gemeldet, dass die Leuchttonne F/C erloschen war.

Gezeichnet Wilhelm Eilers, Vormann.

Mannschaft: Folkert Meeuw

Auslaufen 02.40 Uhr und 03.50 Festmachen an Ponton 3 Borkum-Reede, Wind: Südost 5-6, Windsee: 4, Sicht: 2 sm.

In den Originalakten findet sich ein Bericht der Signalstelle Borkum Seenotwache vom 28.12.1956, gerichtet an die Seenotleitung Bremen, Inspektion, Bremen, Werder Str. 44/46, Betrifft Bootseinsatz von MR BORKUM am 28.12.1956.

Signalstelle Borkum
-Seenotwache-

Borkum, den 28.12.1956

EINGEGANGEN
-4. JAN. 1957

An die

Seenotleitung Bremen
- Inspektion -

B r e m e n.
Werderstr. 44/46

Betrifft: Bootseinsatz von MR '' Borkum '' am 28.12.56.

02.09 Uhr		Anruf von Schlepper ''Holland/ P E S K'' auf 1655 kHz. Bittet um Abholen eines Verletzten und Überführen des-
02.19	"	selben ins Krankenhaus.
02.20	"	Benachrichtigung des Vormann Eilers.
02.24	"	Benachrichtigung an das Borkumer Krankenhaus, von dort aus weitere Benachrichtigung für den Fahrer des Kranken-
02.26	"	wagens und Arztinformation.
02.38	"	Schlepper ''Seefalke" führt in gleicher Angelegenheit über Norddeich-Radio auf dem 1. Kanal ein Arztgespräch.
02.42	"	Vormann Eilers meldet sich ab.
03.15	"	Funkverbindung mit MR "Borkum". Boot hat Kranken bereits an Bord und befindet sich auf dem Rückmarsch.
03.18	"	Bereitschaftsschaltung mit Schlepper "Holland" beendet.
03.55	"	Zusammengefaßter Kurzbericht des Vormann Eilers zur Weitergabe an die Seenotleitung. Gleich-zeitige Bekanntgabe, daß die Leucht-tonne " F/C " er-loschen ist.
04.00	"	Fernschreiben an die Seenotleitung über den vorstehenden Einsatz des MR "Borkum".

Wetter: OSO 6, bedeckt, mäßige Sicht.
Alle Uhrzeiten nach MEZ.

W. Ziegler
(W.Ziegler)

Das Motorrettungsboot BORKUM wurde auf der Pahl Werft in Hamburg-Finkenwerder gebaut. Bau-Nr. 255, Länge 14,0 m, Breite 4,55 m, Tiefgang 1,38 m. Der Motor leistete 150 PS für eine Geschwindigkeit von 8,5 kn. Das Boot war von Mai 1945 bis zum 26. Juli 1957 auf Borkum stationiert und wurde dann vom ersten. Seenotkreuzer der DGzRS, der THEODOR HEUSS, abgelöst. Vom 07. September 1957 bis zum 28. Februar 1959 auf Wangerooge, vom 12. Mai 1959 bis Juli 1963 in Wilhelmshaven stationiert. Im Juli 1963 wurde das Schiff außer Dienst gestellt und als Schlepper verkauft. Die BORKUM blieb ihrem alten Revier treu und versorgte 1965 als Verkehrsboot WARNS von Borkum aus das amerikanische Bohrschiff HAROLD STRADER, einen umgebauten Mississippidampfer, im Blinden Randzelgat.

Während der Nacht arbeiteten die Pumpen ununterbrochen und das Entladen ging weiter. Um 06.15 Uhr musste der Kümo MAIKE MEYER-GERHARDS aufgrund der rauen See ablegen. Das Schiff hatte ungefähr 70 t Ladung geladen. Als der Tunnel vollständig ausgepumpt worden war, ging der Bergungsinspektor Gerhard Funk in einem Taucheranzug ohne Helm nach unten. Er begutachtete das Leck im Tunnel und berichtete, dass die Propellerstopfbuchsendeckel nahe der wasserdichten Tür heftig leckten. Außerdem gab es ein Leck in Höhe der Ladeluke Nr. 5. Mittels hölzerner Keile wurden die Lecks so weit wie möglich abgedichtet.

Um Platz für den Leichter zu schaffen, musste SEEFALKE ablegen. Wir fuhren fort, den Tunnel auszupumpen. Um 11.00 Uhr kam der deutsche Kümo GISELA MEYER-GERHARDS erneut längsseits. Der Schlepper ZUIDZEE verließ die Reede Außenrandzel, um aus Emden den deutschen Leichter NATION zu holen und zur LUKUGA zu schleppen. Drei Mechaniker der HOLLAND wurden in den Tunnel beordert, um die Lecks vollständig mit hölzernen Keilen zu schließen. Da die Flurplatten nicht auf ihrem Platz lagen, trat ein Mechaniker in diese Öffnung. Er ging im Wasser- und Ölgemisch unter und verletzte sich an Arm und Beinen. Auf dem Zwischendeck des Laderaumes Nr. 5 wurde eine weitere 3-Inchpumpe eingerichtet.

Um ungefähr 12.40 Uhr traf der Schlepper STORTEMELK II mit einer weiteren Crew von 60 Arbeitern der Insel Borkum ein. Um ungefähr 13.00 Uhr begann das Entladen der Laderäume 5 und 6 erneut. Um 13.30 Uhr dockte der Schlepper SEEFALKE an, um zu versuchen, den Patch in Position zu bringen. Um 14.30 Uhr ging der Taucher nach unten, aber nach kurzer Zeit stellte er fest, dass es nicht möglich war, den Patch aufgrund der unruhigen See an die richtige Stelle zu lancieren. Jedoch konnte er einen kleinen Patch über einem Loch von 3 Fuß Länge anbringen. Nachdem die „Gisela Meyer- Gerhards" mit ungefähr 350 t Ladung beladen worden war, musste sie aufgrund der stürmischen See ablegen. Sie ankerte in der Nähe. Wetter: stark bis sehr starker Ost-Südostwind, raue See.
Um 18.30 Uhr musste auch Schlepper HOLLAND ablegen aufgrund der hohen See. Er ankerte ebenfalls in der Nähe. Drei Maschinisten blieben an Bord der LUKUGA, um die Pumpen und den Dieselgenerator weiter betriebsbereit zu halten. Der Tiefgang im Bereich des Achterschiffes hatte sich von 40 auf 30 Fuß verbessert. Obwohl die Wetterbedingungen nicht zu unseren Gunsten standen und wir mehrere Rückschläge bekommen hatten, wurden wir hoffnungsvoller von Tag zu Tag. Alle Kümos, die Ladung übernommen hatten, waren beschädigt, genauso wie die LUKUGA selbst. Jedoch gaben wir uns keine Erlaubnis, weiter zu warten. Die Arbeit musste gemacht werden.

29. DEZEMBER 1956

Wetter: stürmischer Südostwind. Bedeckter Himmel. Schneeböen. Raue See. Da der Tiefgang der LUKUGA jetzt 30 Fuß betrug, entschieden wir uns, das Schiff mehr in Richtung Emden bis in die Nähe der Tonne C1 im Ostfriesischen Gatje zu schleppen und dort ankern zu lassen. Dort würde eine weniger hohe See stehen und die Taucher würden bessere Arbeitsbedingungen vorfinden.

Um 07.15 Uhr hatte Schlepper HOLLAND die Schlepptrosse auf dem Vorsteven der LUKUGA festgemacht, Schlepper SEEFALKE auf der Steuerbordseite und ZUIDZEE als Steuerschlepper am Heck.
09.15 Uhr: In der Nähe der Tonne W. R., wo wir eine Untiefe passierten, scherte die LUKUGA plötzlich nach Backbord aus. Die HOLLAND reagierte, indem sie hart Steuerbord gab. Der Schlepper törnte heftig in den Schleppdraht ein, es kam zu einer sehr hohen Belastung von Draht und Schleppwinde. Diese war so schwer beschädigt, dass sie nicht mehr zu gebrauchen war.

Um 10.09 Uhr warf die LUKUGA Anker in ruhigerem Wasser.
Um 11.45 Uhr machten Schlepper HOLLAND, Schlepper SEEFALKE längsseits der LUKUGA erneut fest und die Verbindungen wurden erneut eingerichtet.
Um 12.20 Uhr verließ STORTEMELK ihren Ankerplatz, um nach Borkum zu fahren. Der Bergungsinspektor Gerhard Funk hatte sich verletzt und wurde zum Arzt nach Borkum gebracht. Die Wange musste genäht werden.
Um 13.30 Uhr machte der Kümo GISELA MEYER-GERHARDS auf der Steuerbordseite der LUKUGA beim Laderaum 5 fest und die Männer von Borkum begannen erneut mit der Entladung.
Der Schlepper ZUIDZEE war während der Nacht mit dem Leichter NATION zurückgekommen und legte neben der LUKUGA an. Die NATION wurde an der Backbordseite von Laderaum 2 festgemacht, um hier schwere Bäume zu übernehmen.

Um 16.30 Uhr versuchten wir erneut, den Patch in die richtige Position zu bringen. Bedingt durch die starke Strömung misslang dies erneut und wir mussten bis zum nächsten Tidewechsel warten.
Die Arbeiter wurden ergänzt durch eine andere Gruppe von 40 Männern.
Um 09.00 Uhr kam STORTEMELK II von Borkum zurück.

Um 17.00 Uhr hatte GISELA MEYER-GERHARDS genug Ladung aus dem Laderaum 5 aufgenommen. Der Leichter NATION wurde weiter mit der Ladung aus Luke 2 beladen.

Um ungefähr 21.00 Uhr unternahm der Taucher erneut einen Versuch. Die See war ruhiger geworden und der Patch konnte jetzt so gut wie möglich in die richtige Position gebracht werden. Die transportablen Pumpen im Maschinenraum wurden installiert und traten in Aktion. Nach einer gewissen Zeit wurde bemerkt, dass der Wasserstand im Maschinenraum abnahm. Der Taucher ging erneut runter und brachte den Patch von der Innenseite des Schiffes her mit Hilfe eines Flaschenzuges in die richtige Lage. Jetzt ging der Wasserspiegel im Maschinenraum noch schneller zurück.

Die Funker Franz Rieckhoff und Karl Kasten

Während der Nacht wurde das Auspumpen und das Leichtern aus Laderaum 2 fortgesetzt, um 04.00 Uhr aber gestoppt. Der Leichter NATION wurde von der ZUIDZEE auf einen sicheren Ankerplatz geschleppt und dort verankert. Gegen 06.00 Uhr stand das Wasser nur noch einen Meter im Maschinenraum. Der Tiefgang der LUKUGA betrug nun vorne und hinten 27 Fuß (9 m.) Um 07.00 Uhr begann die LUKUGA den Anker zu lichten. Die Schlepper tauten erneut an, um die LUKUGA nach Emden zu schleppen. Um ungefähr 08.00 Uhr war der Anker eingeholt. Schlepper HOLLAND machte am Bug fest; SEEFALKE und ZUIDZEE jeweils an der Backbord- und Steuerbordseite. Der Schlepper STORTEMELK II machte seine Taue am Heck der LUKUGA fest.

vorn Schlepper HOLLAND, re. Schlepper SEEFALKE, dahinter STOERTEMELK.
links von der LUKUGA Boot Wasserschutzpolizei

Der Dieselgenerator, welcher auf dem Achterdeck der LUKUGA in Aktion war, gab Elektrizität für das Licht und die Heizung. Die transportable Motorpumpe kontrollierte den Maschinenraum. Um 01.00 Uhr war das Schiff auf Emden Reede und wurde von Schleppern der Wessels-Reederei und Ems-Schlepper AG übernommen. Um 13.00 Uhr machte die LUKUGA im Außenhafen fest, um anschließend durch die Emder Schlepper durch die Große Seeschleuse in den Binnenhafen verholt zu werden.

LUKUGA, backboard achtern DANZIG, steuerboard achtern SEEFALKE

Schlepper HOLLAND übernahm die Bergungsausrüstung, Material, Pumpen, Kabel usw. von der LUKUGA. Der Schlepper ZUIDZEE machte auf der Steuerbordseite der LUKUGA fest. Der Patch wurde erneut durch Taucher kontrolliert. Einige kleine Leckstellen wurden gedichtet.

Um 16.00 Uhr kehrte die HOLLAND zu ihrer Station auf der Insel Terschelling zurück, vorher wurden im Außenhafen 30 t Dieselöl gebunkert. Schlepper ZUIDZEE blieb zur Hilfestellung neben der LUKUGA liegen, um nach dem Patch zu schauen und den Generator und die Pumpen weiterhin zu überwachen.

Hier endet der Bericht des Kapitäns der HOLLAND. In diesem Bericht ist von der anschließenden Abbergung der POLYXENIE durch SEEFALKE, HOLLAND und weiteren Schleppern keine Rede.

BERICHT DES DEUTSCHEN BERGUNGSINSPEKTORS GERHARD FUNK

Auszüge / Zusammenfassung aus dem in Englisch abgefassten Bericht des deutschen Bergungsinspektors Gerhard Funk, der sich zum Zeitpunkt des Zusammenstoßes auf dem Schlepper SEEFALKE im Neuen Hafen von Borkum aufhielt.

Auch auf dem Schlepper SEEFALKE, der an der Brücke 3 im Neuen Hafen lag, hörte man an diesen Nebeltagen den Funkverkehr im Äther mit.

Der Schlepper SEEFALKE wurde 1924 auf der J.C. Tecklenborg Werft in Geestemünde unter der Bau-Nr. 401 für W. Schuchmann, Wesermünde, gebaut. Länge :59,20 m. Breite:9m Tiefgang: 4,20 m. Vermessen mit 569 BRT. Zwei MAN-6-Zylinder-Viertaktdieselmotoren brachten 2400 PS für eine Geschwindigkeit von 16,7 kn auf die Schraube. 1926 wurde der Schlepper für die BRBA eingetragen, ab 1939 stand er im Dienst der Kriegsmarine. 1942 erhielt Schlepper SEEFALKE zwei neue Deutz-6-Zyl.-Viertaktdieselmotoren, die 3300 PS leisteten. Nach einem Bombentreffer während des Krieges sank das Schiff am Liegeplatz in Kiel, wurde später provisorisch gehoben, jedoch erneut im flachen Wasser versenkt, um so die Abgabe an die Siegermächte zu verhindern. 1948 wurde der Schlepper erneut gehoben, in Bremerhaven repariert und umgebaut, um ab April 1950 wieder den Dienst aufzunehmen. Anfang der 1950er Jahre lag SEEFALKE auf Position im Neuen Hafen in Borkum und hatte Schlepper TITAN abgelöst. Im Juli 1970 wurde der Schlepper an das Deutsche Schifffahrtsmuseum in Bremerhaven abgegeben und ist bis heute als technisches Denkmal erhalten.

EMDER BUGSIER- UND BERGUNGS-GESCHÄFT
P. W. WESSELS WWE.

Um 02.40 Uhr kam die Nachricht, dass es eine Kollision in der Nähe der Tonne 6 auf dem minenfreien Zwangsweg E. T. zwischen dem norwegischen Tanker BERNHARD HANSEN und der belgischen LUKUGA gegeben habe. Um 04.25 Uhr erhielt Kapitän Gerhard Funk, Inhaber des A 6 Patents für Große Fahrt und seit 14 Jahren Bergungsinspektor der Bugsier Reederei und Bergungsaktiengesellschaft Hamburg, die Order, sofort auszulaufen und Unterstützung zu leisten. In dichtem Nebel bei wechselnden Winden lief der Schlepper mit seinem Kapitän W. Schröder unter Radarunterstützung aus und erreichte um 06.35 Uhr die E.T.-Tonne 16. Die Sicht hatte sich verbessert und SEEFALKE stürmte mit voller Fahrt weiter nach Westen. Nachdem Kapitän Funk mit Schlepper HOLLAND über Radio telefoniert hatte und über die Schäden informiert war, ließ er sofort die eigenen Pumpen und Bergungsmaterial vorbereiten. Um 09.35 Uhr erreichte SEEFALKE den Schleppzug mit HOLLAND und ZUIDZEE in Höhe des Feuerschiffs TERSCHELLINGERBANK.

SEEFALKE legte an der Backbordseite der LUKUGA an und übergab eine schwere dieselgetriebene Pumpe einschließlich drei Mann zur Bedienung. Kapitän Funk ging ebenfalls an Bord, machte sich mit dem Kapitän der LUKUGA bekannt und ließ die Schlepptrosse des SEEFALKEN auf der Back festmachen. Zu diesem Zeitpunkt betrug der Tiefgang der LUKUGA hinten rund 36 Fuß. Per Morselampe gab er den Befehl, mit voller Kraft die Ems anzulaufen. Radiotelefonie war nicht mehr möglich, da die Notbatterien aufgebraucht waren und die Hilfsdiesel durch den Wasereinbruch in den Maschinenraum ausgefallen waren. Um 11.45 Uhr, nachdem die insgesamt 300 m lange Schlepptrosse ausgebracht war, begannen beide Schlepper mit äußerster Kraft zu tauen. Dabei wurden die hinteren Laderäume regelmäßig gepeilt und ein konstantes Ansteigen des Wasserspiegels festgestellt. Ursache war die offene Schottschiebetür des Wellentunnels, die vom Deck her nicht - bedingt durch den Wassereinbruch in den Maschinenraum - zu verschließen war. Selbst als alle Pumpen der SEEFALKE und der HOLLAND arbeiteten, konnte kein Sinken des Wasserspiegels bemerkt werden. Das Wasser war im Laderaum 6 innerhalb von 20 Minuten um drei Fuß gestiegen, ein Sinken des Schiffes über das Heck war zu erwarten. So wurde die LUKUGA mit allen Kräften in flaches Wasser gezogen, um ein Sinken in tiefem Wasser zu verhindern. Um 14.48 Uhr wurde dann Tonne 15 passiert, während der Wasserspiegel erschreckend schnell stieg. Daraufhin wurde beschlossen, die LUKUGA auf den Strand zu setzen, obwohl die angedachten Lauwersgründe für ihre Treibsände in Schifffahrtskreisen berüchtigt waren. Um 16.50 Uhr stieß die LUKUGA auf der Position 53° 34 N und 6° 16,2 E mit dem Heck auf Grund. Am Heck wurden 11,6 m gepeilt, wobei der Tiefgang des Schiffes jetzt hinten 40 Fuß betrug. Nach einem Radiotelefongespräch mit dem Seniorbergungsinspektor Kapitän Carl Meyer (Spitzname „Katatrophen-Meyer") in Hamburg wurden die Schlepper DANZIG, THOR und der Leichter NATION von Cuxhaven bzw. Bremerhaven zur Unterstützung in Fahrt gesetzt.

Im weiteren Verlauf beschreibt er, dass der Raum des Ruderquadranten geöffnet und auch dort eine Motorpumpe installiert wurde. Am 20. Dezember um 23.00 Uhr brachte die Untersuchung des Tauchers folgendes Ergebnis: Das Loch in der Seite des Schiffes hatte eine Höhe von ungefähr 4 m, im oberen Teil 3 m breit und 0,8 m an der unteren Spitze. Im Maschinenraum wurde das Auspumpen gestoppt, da es kein Ergebnis zeigte, aber das Auspumpen der Laderäume 5 und 6 ging weiter.

LUKUGA, gerammt

Patch

Währenddessen wurde auf SEEFALKE an der Plattform gearbeitet und der Patch weiter vorbereitet. Dann wurde eine Stahltrosse vom Bug ausgehend bis auf die Höhe des Lecks unter dem Schiff durchgezogen. Mit Hilfe eines Tauchers wurde dann die Plattform nach unten gelassen und die Trosse daran befestigt. Aufgrund der hohen See und der Strömung war es sehr schwierig, die Plattform an der richtigen Stelle zu platzieren. Der Schlepper ZUIDZEE zog auf der anderen Seite des Patch an diesem Stahlseil, aber durch das Rollen der LUKUGA in der See gab es unterschiedliche Belastungsstärken auf dieses Seil. Der Patch konnte dadurch nicht ständig auf dem richtigen Platz gehalten werden und wurde durch die See zerstört. Um 16.00 Uhr gelang es dem Taucher, die Schottschiebetunneltür im Maschinenraum zu schließen. Danach war es möglich, in den Laderäumen 4 und 5 das Wasser bis zur Spitze der Ladung abzupumpen. Nur durch diesen besonderen, lebensgefährlichen Einsatz des Tauchers war es möglich, das Heck des Schiffes zu heben und es in die Sicherheit der Borkumer Reede zu schleppen. Sobald die „McGregor"-Ladeluken (Die britische Firma Mac Gregor entwickelte dieses Single-Pull-System, das aus rollbaren stählernen Deckelteilen mit eingebauten Gummidichtungen besteht. Die Deckelteile sind mit Ketten untereinander verbunden. Wenn sie mit einem Drahtseil aufgezogen werden, schiebt diese Luke alle anderen vor sich her und diese stellen sich platzsparend hintereinander senkrecht in die sogenannte Lukentasche) mit Hilfe von Taillen geöffnet waren, begann das Überbordwerfen der Ladung aus dem Laderaum 6. Zu bemerken ist noch, dass sobald die LUKUGA vor Schiermonnikoog flott geworden war, das Überbordwerfen der Ladung gestoppt und der Laderaum Nr. 6 geschlossen wurde.

Als am 22. Dezember Schlepper DANZIG aus Cuxhaven ankommt, werden fünf seiner Crew und ein Acetylenbrenner an Bord der LUKUGA abgesetzt und ein Loch in den Hauptausgang des Tunnels gebrannt. Durch dieses Loch werden dann die Schläuche der Pumpen gesetzt. Nach Beginn des Pumpens ist deutlich ein Fallen des Wasserspiegels zu registrieren. Allerdings läuft immer noch etwas nach und man nimmt an, dass es ein paar weitere kleinere Leckstellen neben der Tunneltür gibt. Die Mannschaft der LUKUGA wirft weiterhin Ladung aus dem Laderaum 6 über Bord. Der Entschluss, die LUKUGA abzubergen, wurde gefasst. Alle vier Schlepper hatten jetzt festgemacht und zogen abwechselnd mal nach Nordost und mal nach Nordwest.

Das Boot der DGzRS BORKUM blieb in Rufweite der LUKUGA und gab die Befehle vom Bergungsinspektor Funk weiter an die Schlepper. LUKUGA hatte ja keine Elektrizität und damit auch keine Möglichkeit einer Funktelegraphie. Die BORKUM gab weiterhin von Zeit zu Zeit die Wasserstände des Pegels von Borkum durch. Das Wasser- und Schifffahrtsamt in Emden ordnete über Radiotelefon des Rettungsbootes BORKUM an, dass sie nur eine Erlaubnis geben würden, in das Hubertgat zu fahren, wenn keine Gefahr des Sinkens der LUKUGA bestünde. Diese Anordnung wird vom Bergungsinspektor und den Lotsen ignoriert und die LUKUGA auf Borkum Reede geschleppt. In keinem Fall wäre erlaubt, weiter in die Emsmündung hineinzufahren, um nicht den Verkehr auf dem Fluss zu behindern. Trotz dieser Order übernimmt Bergungsinspektor Funk die Verantwortung (in Rücksprache mit den deutschen Emslotsen) und gibt den Befehl, in das Hubertgat einzulaufen, nach der Befreiung der LUKUGA von den gefährlichen Sänden, auch in der Gewissheit, dass das Hubertgat bei nördlichen und westlichen Winden genauso gefährlich wäre wie die offene See.

Um 14.38 Uhr wird die engste Stelle in der Nähe der Tonne H0 passiert, dies war ein gefährlicher Platz und wenn an dieser engen Stelle die LUKUGA auf Grund gegangen wäre, hätte man das Fahrwasser blockiert. Um 15.05 Uhr wird jedoch die Tonne W-K auf Borkum-Reede erreicht und um 15.15 Uhr der Steuerbordanker der LUKUGA fallen gelassen. Jetzt war das Schiff vorerst in der größtmöglichen Sicherheit. Hier machten SEEFALKE und HOLLAND jeweils Steuerbord und Backbord fest und versorgten das Schiff mit Elektrizität für die Winden und es begann die Entladung aus Laderaum 6 auf den Leichter NATION mit der Hilfe der Besatzungen von SEEFALKE, HOLLAND und ZUIDZEE. Dies dauerte die ganze Nacht. Kapitän Funk orderte Schauerleute von Borkum für den nächsten ten Tag und Leichter aus Emden. Herr Doeksen arrangierte das für Delfzijl. Es wurde außerdem neues Material für einen neuen Patch angefordert. Kurz nach

MS LUKUGA, gerammt

07.00 Uhr erreichten die ersten Männer aus Borkum die LUKUGA und ersetzten die Mannschaften der Schlepper. Eine erneute Untersuchung des Lecks ergab folgende Maße: auf der Spitze 1,5 m breit, in Mitte 2 m breit und am Boden 0,6 m, die Länge von der Spitze bis zum Boden 3,7 m. Nach diesen Maßen wurde eine neue Plattform/Patch an Bord der SEEFALKE gebaut. Am 24. Dezember scheiterte der nächste Versuch, einen Patch anzubringen, wobei sich ein Taucher verletzte und damit nicht länger unter Wasser arbeiten konnte. Rund um den Patch und die Plattform wurden Polster mit Werk- und Segeltuch angebracht, um dann diese Plattform vor das Loch zu legen. Aber die starke See verhinderte alle Bemühungen. Weiterhin südliche Winde mit Stärke 8, die dann zusammen mit der rauen See weitere Bemühungen, den Patch anzubringen, verhindern. Die Taucharbeiten im Maschinenraum gehen während der Nacht weiter, wobei Steuerbord und Backbord Ventile geschlossen werden.

Der Patch konnte nicht angebracht werden und der Wind wehte in der Stärke 7-8 von Ost-Südost und alle Schiffe, die neben der LUKUGA arbeiteten, gingen in See, um nicht beschädigt zu werden. Bei dieser Gelegenheit wurde aber die HOLLAND stark beschädigt, davon berichtet auch der holländische Bergungsinspektor. Am 27. Dezember war dann die neue große Plattform (Patch) fertig, aber das Wetter verhinderte auch diesen Versuch. Trotz des stürmischen Wetters wurden die

Der Dampfschlepper JOHANN WESSELS wurde 1942 auf der Schiffswerft von Schulte & Bruns in Emden unter der Bau-Nr. 152 für das Emder Bugsier- und Bergungsgeschäft P. W. Wessels Wwe., Emden, gebaut. Länge: 30,38 m, Breite: 6,93 m, Tiefgang: 3,81 m. BRT: 149. 1964 wurde die Vierzylinder Dampfmaschine des Herstellers Christiansen ausgebaut und durch einen MAN Dieselmotor von 1885 PS ersetzt und der Schlepper äußerlich modernisiert.; danach 158 BRT. 1976 verkauft an Elswijk's Ship Deliveries B. V., Amsterdam (NL),umbenannt in VICTORY. 1977 übertragen an Altena Financing & Investment, Panama und in LIBERTY umbenannt; jetzt unter Panama-Flagge. 1980 verkauft an Nicolas E. Vernicos Shipping Co. Ltd., Piräus und umbenannt in VERNICOS NENA.

Kümos GISELA MEYER-GERHARDS und MAIKE MEYER-GERHARDS weiter beladen, vor allem aus Laderaum 5 und 6. Kapitän Funk beschreibt auch die Verletzung des Borkumers, der dann mit dem Rettungsboot BORKUM zur Insel gebracht wird. Er geht dann selbst im Taucheranzug ohne Helm nach unten in den Wellentunnel, um einige kleinere Lecks, aus denen es weiterhin in den Wellentunnel und dann weiter in die Laderäume läuft, mit Holzkeilen zu verschließen. Gegen Spätmittag wurde erneut eine Untersuchung durch Taucher durchgeführt und festgestellt, dass nur noch geringe Wassermengen in die Laderäume einströmten. Am 29. Dezember wurde dann, in der Vorstellung, ruhigere Gewässer zu finden, entschlossen, die Ems weiter hochzufahren, so weit, wie der jetzige Tiefgang von 30 Fuß es erlauben würde. Nach Genehmigung durch das Wasserstraßenamt Emden, wurde mit Hilfe der Elektrizität des SEEFALKEN die Ankerwinde in Betrieb gesetzt, der Anker gelichtet und die LUKUGA verließ, geschleppt von HOLLAND, SEEFALKE und ZUIDZEE den Ankerplatz auf Borkum-Reede. Ems aufwärts, in der Nähe der Tonne G/A, wurde erneut geankert und weiter aus Laderaum 2 Ladung auf den Leichter NATION umgeschlagen. Letztendlich gelang es jetzt, den Patch vor dem

Der Motorschlepper JUIST wurde 1956 gebaut auf der Werft Schulte & Bruns in Emden für die Ems-Schlepper-AG unter der Bau-Nr. 183. Länge: 28,20 m, Breite: 6,9 m, Tiefgang: 3,30 m. BRT: 133. Der MWM-Dieselmotor hatte 1080 PS für eine Geschwindigkeit von 11,5 kn. Der Schlepper wurde 1974 verkauft an Vestlandske Skips og Biloppbugging A/S in Aalesund (N) und umbenannt in BUSTER.

Ems-Schlepper-Aktiengesellschaft

Leck im Maschinenraum zu platzieren, und nachdem die Pumpen in Aktion getreten waren, konnte endlich ein Absinken des Wasserspiegels im Maschinenraum registriert werden. Am 30. Dezember wurde dann in den frühen Morgenstunden erneut ein Taucher runtergeschickt, um den Patch zu kontrollieren und kleinere Leckagen mit Werg zu verschließen. Als der Maschinenraum bis auf die Flurplatten ausgepumpt war und der Tiefgang der LUKUGA, sowohl am Bug wie am Heck, nun 27 Fuß betrug, wurde beim Wasserstraßenamt angefragt, um die Erlaubnis zu erhalten, die LUKUGA in den Hafen von Emden zu schleppen. Unter der Bedingung, dass keine weiteren Leckstellen vorhanden seien, wurde diese Erlaubnis erteilt. So stellte man das Leichtern ein und um 08.00 Uhr wurde die LUKUGA durch HOLLAND, SEEFALKE, ZUIDZEE und STORTEMELK II vor die Hafeneinfahrt gebracht. Aufgrund der Fachkenntnis der Kapitäne in diesem schwierigen Fahrwasser erreichte der Konvoi um 10.45 Uhr das Ende der Westmole. Die Hafenschlepper JUIST und JOHANN WESSELS übernahmen das Schiff und schleppten es nach kurzem Aufenthalt im Außenhafen durch die Große Seeschleuse in den Binnenhafen.

BERICHTE DER KAPITÄNE DANZIG UND THOR FAZIT GERHARD FUNK

BMS THOR verließ seine Station in Bremerhaven am 21. Dezember um 09.15 Uhr, ergänzte um 16 Uhr in Cuxhaven seinen Bunkerbestand und lief mit dem Leichter NATION um 19.20 Uhr aus Cuxhaven aus. BMS DANZIG war bereits um 15.00 Uhr von Cuxhaven ausgelaufen, passierte um 17.00 Uhr das Feuerschiff „Elbe 1" und erreicht am 22.12. um 02.00 Uhr die Unfallstelle. Es wurden ein Steuermann, zwei Matrosen, ein Maschinist, ein Maschinenassistent und ein vollständiges Acetylen-Schneidegerät auf den Havaristen abgegeben. Um 09.15 Uhr erreichte THOR mit Leichter NATION die Unfallstelle und legte den Leichter vor Anker. Mittels Wurfleine von LUKUGA wurde die Manilajageleine der DANZIG per Hand eingeholt und ein 4" Stahlschleppdraht auf der Steuerbordseite der LUKUGA festgemacht. THOR machte als Kopfschlepper auf SEEFALKE fest. Bei Windrichtung Nord, Stärke 5, wurde das Schleppgeschirr, bestehend aus 30 m 4" Vorläufer, 220 m 4" Stahldraht, 80 m 10" Perlontrossen und 16 m lange 4" Stahlschleppstander angeschleppt. Durch Scheermanöver von Nordost bis Nordwest kam die LUKUGA flott und die Reise nach Borkum Reede wurde angetreten. Nach Rücknahme des Acetylengerät hier auf die DANZIG, legte der Schlepper ab, wurde entlassen und erreichte um 00.21 Uhr am 23.12.56 seinen Stationsplatz Cuxhaven. THOR brachte den Leichter NATION längsseits LUKUGA, wurde um 19.10 Uhr entlassen und erreichte um 6 Uhr am 23.12.56 seine Station in Bremerhaven. Damit war die Hilfeleistung für diese Schlepper beendet. Nach Überzeugung von Gerhard Funk war es unzweifelhaft, dass die LUKUGA ohne die Hilfe der Rettungsschlepper ein totaler Verlust geworden wäre. Im letzten Moment, in einer sehr kritischen Situation, konnten sie das Schiff auf die Lauwersgründe aufsetzen, es war dort für den Zeitraum des Wintersturmes sicher und wäre sonst im Unwetter verloren gegangen. Gemeinsam konnte das Schiff erneut aufgeschwommen werden, vor allem durch die Unterstützung der Bugsierschlepper aus Hamburg. Das Schließen der Tunneltür durch den deutschen Taucher war zweifellos der Grund, warum das Schiff auf die Reede von Borkum gebracht werden konnte. Alle Taucher taten einen tadellosen Job, ungeachtet der Gefahr für ihr Leben und ernsthafte Verletzungen. Der springende Punkt war, dass es gelang, auch den Maschinenraum leer zu pumpen. Letztendlich gelang es dadurch, den Tiefgang des Schiffes auf 27 Fuß zu reduzieren und damit die Erlaubnis zu erhalten, in den Emder Hafen einzulaufen. Er würdigt auch das Leichtern von ungefähr 2000 t aus der Ladung mit Hilfe der Borkumer Schauerleute in den Leichter NATION und die Kümos unter den extrem schwierigen Umständen.

Frerich Mammenga und der Aschenbecher der CMB

Frerich Mammenga

Aschenbecher CMB

1956 herrschte auf Borkum eine große Arbeitslosigkeit. Helene und Frerich Mammenga hatten sich ein Haus in der Straße „Kiebitzdelle-Westdünen" gebaut. Das Geld war überall knapp. Frerich Mammenga nahm an insgesamt drei Einsätzen teil. Da alle Arbeiter ordnungsgemäß angemeldet waren, zog das Arbeitsamt von seinem Verdienst das Arbeitslosengeld ab. Es blieb aber ein Betrag zurück, von dem ein Stubenofen gekauft werden konnte, der dann bei einer Privatperson gegen einen Küppersbusch- Küchenofen, der in diesem Haushalt fehlte, getauscht werden konnte.

Anlässlich eines Besuches des Hausarztes und Freundes und nachdem die Rede auf die LUKUGA-Bergung gekommen war, ging Herr Mammenga an seinen Wohnzimmerschrank und brachte einen Aschenbecher der CMB, den er aus der Mannschaftsmesse der LUKUGA während der Bergung auf die Insel Borkum mitgenommen hatte. In diesem Aschenbecher befanden sich Reste der Ladung: Kautschuk und Kaffeebohnen. Der Aschebecher samt Inhalt wurde dem Borkumer Museum „Dykhus" als Erinnerung an die LUKUGA-Bergung zum Geschenk gemacht.

Willem Aggen arbeitete als Landwirt bei seinem Vater auf dem Ostland und verdiente 5,- DM pro Woche. Im Winter gab es dort wenig zu tun und so konnte er an einer Fahrt zur LUKUGA teilnehmen. Nach seiner Erinnerung bekam jeder 4,00 DM/Std., das war damals viel Geld, so war der Verdienst für eine Schicht von rund 110 DM eine willkommene Aufstockung. Nach verschiedenen Ausgaben blieb für ihn immerhin noch so viel Geld übrig, dass er sich dann in Norden einen Dufflecoat kaufen konnte.

Pope Stomberg hatte bei Buhnenarbeiten durch Unfall einen Unterschenkel verloren und trug eine Prothese. Die Hohlräume der Prothese wurden genutzt, um Kaffee, an den zur damaligen Zeit besonders strengen Zollbeamten, vorbeizuschmuggeln. Besondere Begeisterung rief Friedrich (Fentje) Grävemeyer hervor, denn er gab jeweils stündlich den Stand des Verdienstes in DM an. Die Ladenetze mit den Kautschukballen wurden dann gelegentlich überladen und alle hatten ihre helle Freude, wenn dann einer dieser rund 1,5 x 1,5m messenden Ballen beim Hieven aus dem Netz fiel und wie ein Flummi durch den Laderaum sprang. Allen noch lebenden Schauerleuten sind die sehr großen farbigen Besatzungsmitglieder der LUKUGA in Erinnerung. Auf dem Achterdeck war ein Fass aufgestellt, in dem ein konstantes Feuer brannte, das mit Öl und Holz beheizt wurde. Die farbige Besatzung stand darum herum, um sich zu wärmen, denn die Heizung war ja wegen des vollgelaufenen Maschinenraumes ausgefallen. Beeindruckend wird davon erzählt, dass ein besonders großer Farbiger in der Lage war, Paneele der Inneneinrichtungen der LUKUGA mit der Handkante zu spalten oder die Holzlatten über dem Oberschenkel zu zerbrechen.

Im vorderen Laderaum waren die Baumstämme untergebracht, darauf die Bananen, Orangen und Tomaten aus Las Palmas, von denen ebenfalls ein Teil den Weg in die Borkumer Häuser fand. Natürlich wurden die Orangen auch von den Schauerleuten gegessen. Mehr als der Verzehr von 2 Stück war nicht möglich, da bei dem Frost und der kalten Frucht die Lippen aufsprangen. Es wurde natürlich nach dem Auszahlen des Lohns ordentlich auf der Insel gefeiert, vor allem im „Teehaus" bei Hans Frankenberg in der Süderstraße. Böse Zungen behaupten, vom Lohn der Berger sei später das Restaurant „Der Insulaner" entstanden. Rekrutierungsbüro der Schauerleute war das Büro des Bauunternehmens Weber in der Süderstraße. Versammlungsort war aber dann der Bauhof Weber in der Deichstraße, dort wo heute der Einkaufsmarkt „Markant" steht. Bezahlt wurden im übrigen die Stunden vom Ablegen des Schiffes im Hafen für die gesamte Zeit während des Entladens an Bord und bis zum Anlegen des Transportschiffes im Hafen.

Befördert wurden die Mannschaften mit STORTEMELK II, vor allem von den Fischkuttern WESTEREMS und ANNA MARGARETA, Eigentümer Johann Byl.

Wike Byl: „Min Dani, min Peiter"
An Bord der WESTEREMS v.l.n.r.: Jan van Gerpen sen., Daniel van Gerpen, Unbekannt, Alfred Janssen, Jan „Jonny" van Gerpen, Gerd „Flupp" van Gerpen, Peter van Gerpen

Der Fischkutter WESTEREMS, später SCHERKO, hatte den Heimathafen Borkum. Eigentümer Johann Byl. Unterscheidungssignal: DCRN. Länge :15,50 m. Breite :4,15 m. Später ging die WESTEREMS in den Besitz von Karl Hintze über und war unter dem Namen SCHERKO weiter als erfolgreicher Fischkutter in Fahrt.

Der Fischkutter ANNA MARGARETA, ex OSTEREMS, wurde 1946 /47 auf der Schlömer Werft in Oldersum/ Ostfriesland aus Holz für Christoff Byl (dem jüngsten Sohn von Wiard Byl) gebaut. Länge: 14 m. Breite: 4,50 m. Tiefgang :1,50 m. der MWM –Diesel leistete 90 PS für eine Geschwindikeit von 8 sm. Mannschaftszahl: 3.

Der Enkel des Agenten der Bugsier Hamburg, genannt nach seinem Großvater, Wiard Byl, genannt „Wike Reetdach" (Er betrieb mit seiner Ehefrau Waltraut ein Café im einzig reetgedeckten Haus auf der Insel), schildert in seinen Erinnerungen „Vom Retten-Bergen-Strandjen",die in Aufsätzen jeweils zu Silvester in der Borkumer Zeitung erschienen, das Folgende: *„...Das eine waren die nicht für norddeutsche Winter gekleideten, frierenden Farbigen der Besatzung. Das Schiff war ja nicht mehr zu beheizen! Sie halfen auch nicht, sondern standen zitternd hinten auf Deck um ein großes Ölfass herum, wo hinein sie mit einer kleinen Handpumpe dauernd Öl pumpten, um dort ein wärmendes Feuer zu unterhalten. Das Fass glühte, und die Flammen schlugen hoch hinaus. Dort standen sie nun und suchten in Wind und Regen ein bisschen Wärme. Das andere, das ich zunächst nicht begriff, war, warum es mit dem Löschen nicht weiterging. Im Laderaum stapelten sich die fertig liegenden Baumwollballen, aber an der Winde war niemand, auch auf dem längsseits liegenden Leichter war keine Menschenseele zu sehen. Aber in der Messe des Schleppers, da ging es hoch her: Der Duft von Grog aus feinstem Übersee-Rum und Wolken vom Rauch bester Havanna-Zigarren quollen aus dem Deck heraus. Käpt'n Schröder, Bergungsinspektor Funk, die Offiziere - alles war hier versammelt. Und in bester Stimmung mitten dazwischen mein Onkel Johann, der wohl von Großvater mit der Organisation der Bergung beauftragt war. Er mochte mich gerne leiden, sah mich und rief mich an seine Seite. „Mein Adjutant", stellte er mich vor und gleich hatte ich hochnördlichen Grog vor mir stehen. Auf meine diskrete Frage an ihn, warum es denn nicht weiterginge, blinzelte er mich verschmitzt an: „Stünden dreihen, Junge! Stünden dreihen! Lloyd's London betahlt alles!" Das hieß wohl, die Beute hing fest am Haken und konnte nicht entkommen. Nun ging es darum, sie gehörig auszuschlachten. Ich hatte dazugelernt.*

ALLE NAMEN DER BORKUMER ENTLADEBESATZUNG

Abrechnungs-und Auszahlungslisten der Firma Johann Weber

Löschen LUKUGA am 23. u. 24.12.1956 (Liste 1) 23.12.56 07.00 Uhr bis 24.12.56 09.00 Uhr = 26 Std. à 4,00 DM			
Bendix	104 DM	Jindelt, van, Bernhard	104 DM
Bertram, Evert	104 DM	Matika I	104 DM
Darkon, Hermann	104 DM	Matika II	104 DM
Diesner	104 DM	Matika III	104 DM
Eilts, Jakobus	104 DM	Mielke,	104 DM
Fisser, Albertus	104 DM	Ontke	104 DM
Fisser, Gerjet	104 DM	Sanders, Bruno	104 DM
Frerichs, Freerk	104 DM	Schiele, Johannes	104 DM
Ites, Fokko	104 DM	Sluiter, Hermann	104 DM
Ites, Siegfried	104 DM	Stolze	104 DM
Janssen, Edzard	104 DM	Tapper, Evert	104 DM
Insgesamt:			2.288 DM

Löschen LUKUGA am 24.12.56 - 7 Std. à 4,00 DM (Liste 2)			
Akkermann, Albertus	28 DM	Gerpen, van Jan	28 DM
Akkermann, Friedrich	28 DM	Gerpen, van Peter	28 DM
Beckmann, Wilhelm	28 DM	Gröpel, Klaus	28 DM
Berends, Albertus	28 DM	Gropengießer, Heinrich	28 DM
Bölter, Helmut	28 DM	Loose, Johannes	28 DM
Steemann, Johann	28 DM	Lübben, Rudi	28 DM
Feldmann, Helmut	28 DM	Mammenga, Frerich	28 DM
Feldmann, Reinhold	28 DM	Neehus, Robert	28 DM
Gerpen, van Daniel	28 DM	Schwitters, Dieter	28 DM
Insgesamt:			504 DM

Löschen LUKUGA am 26.12. u. 27.12.56 (Liste 3)			
Akkermann, Friedrich	88 DM	Krenzke, II	88 DM
Arends, Dirk	88 DM	Langhorst, Walter	88 DM
Arends, Walter	88 DM	Lizinski	88 DM
Bekaan, Alfred	88 DM	Loose, Johannes	88 DM
Bölter, Gustav	88 DM	Lübben, Friedel	88 DM
Bowee	88 DM	Matyka	88 DM
Brandes	88 DM	Mielke, Alwin	88 DM
Byl, Geerd	88 DM	Müller	88 DM
Byl, D.	88 DM	Nagy, Horst	88 DM
Dannemann, Karl	88 DM	Onvantschke	88 DM
Domehl, Max	88 DM	Pederiva, Johann	88 DM
Eilts, Jakobus	88 DM	Petersen, Wolfgang	88 DM
Fisser, Albertus	88 DM	Pool, Erich	88 DM
Fisser, Gerd	88 DM	Remmers, Adolf	88 DM
Fisser, Gerrit	88 DM	Sanders, Bruno	88 DM
Fisser, Dietrich	88 DM	Sanders, II	88 DM
Frerichs, Freerk	88 DM	Schadwinkel	88 DM
Galinowski, D.	88 DM	Schiele, Johannes	88 DM
Gartenschläger	88 DM	Schlapf	88 DM
Haderer I	88 DM	Schröder, J.	88 DM
Haderer II	88 DM	Schwitters, Dieter	88 DM
Hinrichs, W.	88 DM	Sluiter, Hinderk	88 DM
Ites, Fokko	88 DM	Stomberg, Klaas	88 DM
Ites, Siegfried	88 DM	Stomberg, Heinz-Wilh.	88 DM
Janssen, H.	88 DM	Stützke, Rudi	88 DM
Janssen, E.	88 DM	Tapper, Evert	88 DM
Junge	88 DM	Westerbur, Beete	88 DM
Konaperzki	88 DM	Winkler	88 DM
Krenzke, Fritz	88 DM		
Insgesamt:			5.016 DM

Löschen LUKUGA am 27. u. 28.12.56: (Liste 4)

Aggen, Steffen	104 DM	Mammenga, Frerich	104 DM
Aggen, Willm	104 DM	Mammenga, Walter	104 DM
Akkermann, Albertus	104 DM	Meyer, Hans	104 DM
Akkermann, Jochen	104 DM	Meyer, Günter	104 DM
Bahrke, Günter	104 DM	Nabrotzki, Peter	104 DM
Bartels, W.	104 DM	Neehus, Robert	104 DM
Bauer	104 DM	Nimpsch, Erwin	104 DM
Bayer, Edo	104 DM	Paul, Viktor	92 DM
Blohm	104 DM	Plagge	104 DM
Beckmann, Wilhelm	104 DM	Thun	104 DM
Berents, Albertus	104 DM	Tröger, P.	104 DM
Byl, Geerd	104 DM	Sachse	104 DM
Byl, Wilhelm	104 DM	Schadwinkel, Erwin	76 DM
Feldmann, Helmut	104 DM	Selleneit	96 DM
Gerpen, van Daniel	104 DM	Steemann, Emil	104 DM
Gerpen, van Jan	104 DM	Steemann, Johann	104 DM
Grävemeyer, Friedrich	104 DM	Stomberg, Klaas	104 DM
Gröpel, Klaus	104 DM	Stützke,	104 DM
Haeb, Hans-Jürgen	76 DM	Teerling, Klaas	104 DM
Ites, Fokko	76 DM	Voss, Günther	104 DM
Jäschke	88 DM	Westerbur, Harm	104 DM
Krüger	104 DM	Wessing	104 DM
Leertouwer, Johannes	104 DM	Wybrands, Rudolf	104 DM
Lübben, Rudolf	104 DM	Ziebert, H.	104 DM
Lüth, Albert	104 DM		
Insgesamt:			**4.976 DM**

Löschen LUKUGA 28.-29.12.56 (Liste 5)

Akkermann, Hermann	120 DM	Lübben, Hans-Georg	120 DM
Arends, Dirk	120 DM	Manteuffel, Helmut	120 DM
Arends, Walter	120 DM	Martens, Harry	120 DM
Beckmann, Adolf	120 DM	Meeuw, Esdert	120 DM
Bekaan, J.	120 DM	Meeuw, Gert	120 DM
Bekaan, Alfred	120 DM	Meyer, Hermann	120 DM
Bertram, Evert	120 DM	Meyer, Jakob	120 DM
Blessin	120 DM	Michaelsen, Johann	120 DM
Bölter, Helmut	120 DM	Mielke, Alwin	120 DM
Bowe	120 DM	Nagy	120 DM
Brandes	120 DM	Repschläger	120 DM
Briesen, van,	120 DM	Rimbach, Heinz-Gerh.	120 DM
Eilts, Jakobus	120 DM	Rohl	120 DM
Extra, Remmer	120 DM	Saathoff	120 DM
Fisser, Albertus	128 DM	Sauer, Wolfgang	120 DM
Fisser, Gerrit	120 DM	Schadwinkel, Erwin	120 DM
Galinowski	120 DM	Schiele, Johannes	120 DM
Groen, Hermann	120 DM	Schlapf	120 DM
Gröter, Ernst	120 DM	Schulz, Werner	120 DM
Haderer	120 DM	Schwarzenburg, Günther	120 DM
Hettinga, van	120 DM	Schwitters, Dieter	120 DM
Hippen, Albert	120 DM	Sluiter, Arthur	120 DM
Ites, Siegfried	120 DM	Sluiter, Hans-Peter	120 DM
Janssen	120 DM	Sluiter, Hermann	120 DM
Jindelt, van	120 DM	Stoll, Heinz	120 DM
Jüchter, Hinderk	120 DM	Sträter	120 DM
Konopatzki	120 DM	Thiele, Dieter	120 DM
Krenzke, Fritz	120 DM	Viehring, Karl-Georg	120 DM
Krenzke II	120 DM	Wegmann, Hans-Peter	120 DM
Langhorst, Walter	120 DM	Westerbur, Beete	120 DM
Loose, Johannes	120 DM	Wessels, Bernhard	120 DM
Lübben, Friedel	120 DM		
Insgesamt:			**7.568 DM**

Löschen LUKUGA 29. u. 30.12.56 (Liste 6)			
Akkermann, Eldert	104 DM	Janssen, Jibbo	104 DM
Akkermann, Friedrich	104 DM	Knetemann, Adolf	104 DM
Bahrke, Günter	104 DM	Kukat, Horst	104 DM
Bayer, Nikolaus	104 DM	Leertouwer, Johannes	104 DM
Beckmann, Wilhelm	104 DM	Liesenberg	104 DM
Berents, Albertus	104 DM	Lübben, Rudolf	104 DM
Blohm, Günter	104 DM	Mammenga, Frerich	104 DM
Bockerad, Hans	104 DM	Meyer, Günter	104 DM
Boelter, Helmut	104 DM	Meyer, Hans	104 DM
Bonhuis, Bernhard	104 DM	Neehus, Robert	104 DM
Bronsch, Leo	104 DM	Nönchen, Peter	104 DM
Byl, Gerd	104 DM	Pixa, Bernhard	104 DM
Byl, Wiard	104 DM	Pöppel, Ulrich	104 DM
Darkon, Hermann	104 DM	Schmitz, G.	104 DM
Eilts, Jakobus	104 DM	Schnell, Johann	104 DM
Fisser, Dietrich	104 DM	Schnettler, Heinz	104 DM
Fisser, Jakob	104 DM	Steemann, Emil	104 DM
Franke, Erich	104 DM	Steemann, Johann	104 DM
Frerichs, Frerich	104 DM	Stutzke, Rudolf	104 DM
Gerpen, van Daniel	104 DM	Teerling, Klaas	104 DM
Gerpen, van Jan	104 DM	Tjaden, Horst	104 DM
Gerpen, van Peter	104 DM	Voss, Erich	104 DM
Gropengießer, Heinrich	104 DM	Wulf, Hermann	104 DM
Hinrichs, Wilke	104 DM	Wybrands, Rudolf	104 DM
Ites, Fokko	104 DM	Ziegenhagen, Wilhelm	104 DM
Insgesamt:			5.200 DM

BERICHTE DER KAPITÄNE DER STORTEMELK II UND DER ZUIDZEE

Scheepsverklaring van de motorzeesleepboot STORTEMELK II, ZUIDZEE betreffende de berging van het Belgische motorvrachtschip LUKUGA. Die folgende Zeilen sind lediglich eine Zusammenfassung und erwähnen Vorkommnisse, die in den anderen Berichten nicht erwähnt werden.

Den Autoren liegen ebenfalls die Berichte der Kapitäne von Motorschlepper STORTEMELK II und Motorschlepper ZUIDZEE vor. Die Kapitäne bestätigen die Berichte der Bergungsinspektoren der Firmen Doeksen und Bugsier.
Nach Abladen des Materials, das durch die STORTEMELK II aus Terschelling gebracht wurde, legt sich das Schiff vor Anker. Während des Einhievens des Ankers wurde es durch eine schwere Grundsee angehoben. Diese schwere Grundsee zerstörte die Ankerwinde, sodass das Einholen von 30 Faden Kette und des Ankers nicht mehr möglich war und die Kette geslippt werden musste. Am 29. Dezember verletzte sich der Bergungsinspektor Gerhard Funk und wurde von der STORTEMELK II nach Borkum und nach der ärztlichen Behandlung zurück zur LUKUGA gebracht. Am gleichen Tag verletzte sich der Steuermann der ZUIDZEE, J. Todt. Beim Einhieven des Ankers geriet er mit den Fingern zwischen die Ketten und verletzte sich so schwer, dass er durch das Lotsenboot nach Emden gebracht wurde, wo die Verletzung sich als so schwer herausstellte, dass eine Krankenhausbehandlung erforderlich wurde. Am 30. Dezember wurden dann die Schauerleute von Borkum durch die STORTEMELK II nach Borkum transportiert und abgesetzt. Anschließend verließ der Schlepper die Insel und ist gegen 24.00 Uhr in Terschelling.

Es werden die Ereignisse geschildert, das Stand-by der ZUIDZEE neben der LUKUGA im Binnenhafen von Emden, die Überwachung und Sicherung der durchgeführten Bergungsarbeiten. Weiterhin gelingt es nicht, die bordeigenen Aggregate der LUKUGA in Betrieb zu setzen. Die Pumpen in den verschiedenen Räumen, wie dem Maschinenraum, der Gefrierkammer und der Laderäume konnten nur mit Hilfe der ZUIDZEE in Betrieb bleiben. Erst jetzt war es auch möglich, die Kombüse wieder zu nutzen. Am Montag, den 14. Januar 1957, war die LUKUGA soweit entladen, dass sie durch Hafenschlepper zu den Nordseewerken gebracht werden konnte.

Auch die Emder Hafenwirtschaft profitierte von der Havarie der LUKUGA. Die Firma Lehnkering in Emden arbeitete mit der Bugsier zusammen.

Am 25. 12. um 23 Uhr erreichte der Leichter NATION hinter dem Schlepper ZUIDZEE mit circa 600 t Stückgut den Emder Hafen. Die Ladung, bestehend aus Baumwolle, Ölkuchen, Palmkernschrot und Manioka-Mehl wurde zur Entladung freigegeben, die auch während der Nacht weiterging und unter Tallykontrolle stattfand.

LEHNKERING AKTIENGESELLSCHAFT ABTEILUNG EMDEN

Reederei · Spedition · Befrachtung · Lagerung
Bunkerkohlen · Baustoffe · Eigene Kiesbaggerei

Stammhaus in Duisburg / Zweigniederlassungen in:
Dortmund, Herne i. W., Köln, Mannheim, Münster i. W., Peine,
Rotterdam und Antwerpen

Wegen der Feiertage begann die Firma Schulte & Bruns ab 14.00 Uhr mit den Arbeiten, die auch während der Nacht weitergingen. Unter Tallykontrolle endete die Entladung erst am 28.12. um 18.00 Uhr (Unter Tallykontrolle [englisch: Tally - Kerbholz] - Waren stückweise nachzählen - versteht man die Kontrolle der Ladung eines Schiffes beim Ent- und Beladen. Der Tallymann genoss hohes Ansehen, war er doch neutraler Kontrolleur, wieviel in das Schiff hinein- aber auch herausgeladen wurde. Er wird heute als Fachkraft für Hafenlogistik bezeichnet.)

Die Ladung, bestehend aus 2312 Ballen Baumwolle, 1642 Sack Palmkornschrot und Manioka-Mehl sowie 30849 kg losem Palmkernschrot und 52 zerrissenen Säcken, wurde am Erzkai in den WTAG-Schuppen gebracht. Die Kümos MAIKE-MEYER-GERHARDS und GISELA-MEYER-GERHARDS wurden von der Firma Lehnkering im Auftrag der Bugsier gechartert. Wobei MAIKE-MEYER-GERHARDS nur eine Fahrt am 28.12. machte und nach Leerstellung aus der Charter entlassen wurde. Die Ladung der MAIKE-MEYER-GERHARDS bestand aus 1266 Sack Manioka-Mehl. Die Entladung dauerte 13 Std., wobei 105,23 t ebenfalls in den WTAG-Schuppen gelöscht wurden. Am 30. Dezember passierte GISELA-MEYER-GERHARDS die Große Seeschleuse, aber die Entladung am Kailager Brikettfabrik begann erst am 31.12. um 08.45 Uhr bis 18.00 Uhr und am 02.01.1957 von 06.00 bis 21.40 Uhr. Insgesamt wurden von diesem Schiff 427 t gelöscht, darunter 6490 Sack Palmkernschrot und Manioka-Mehl, 119 Kisten Apfelsinen und 937 Kisten Tomaten. Die restliche Ladung der LUKUGA wurde ebenfalls nach Ankunft des Schiffes am 30.12.56 am Westkai des Binnenhafens von der Firma Schulte & Bruns im Laufe der nächsten Tage gelöscht. Der Leichter

Der Schlepper BUGSIER 11 wurde 1954 auf der F. Schichau-Werft, Bremerhaven, unter der Bau-Nr. 1657 für die Bugsier, Hamburg, gebaut. Länge: 26,70 m; Breite: 6,60 m; Tiefgang: 2,90 m BRT: 86,00. Der Deutz-8-Zyl.-Viertakt-Dieselmotor leistete 850 PS für 12 kn Fahrt. Am 06. Januar 1955 kenterte und sank das Schiff im Hamburger Hafen, gehoben und erneut in Fahrt gebracht. Im März 1964 während der Übernahme eines 7 Tonnen schweren Ankers erneut gekentert und gesunken. Nach erneuter Instandsetzung im März 1973 an C. Simonoulos in Piräus, Griechenland, verkauft und in PATRAIKOS umbenannt. Verbleib unbekannt.

NATION brachte in seiner 2. Fahrt am 31.12.56 1582 Ballen Rohgummi und 87 Baumstämme mit einem Gesamtgewicht von 252,9 t nach Emden.

Über eine Vollladung Stückgut für den Leichter NATION nach Hamburg konnten sich jedoch die Bugsier mit einer Forderung von 1.500 DM pro Tag und die Reederei der LUKUGA nicht einigen und so wurde der Leichter NATION von der Kautschuk- und Baumstammladung entlöscht. Darauf schickte Bugsier seinen Schlepper BUGSIER 11 aus Hamburg, der Order bekam, mit Leichter NATION in die Weser einzulaufen, von Bremerhaven-Reede den Leichter CHRONIK zu holen und beide Leichter nach Hamburg zu schleppen.

Der Seeleichter CHRONIK wurde am 28.01.1920 unter der Bau-Nr. 410 von der Werft Blohm + Voss, Hamburg, an Bugsier-, Reederei- und Bergungsgesellschaft AG, Hamburg, abgeliefert. Länge: 46,16 m, Breite: 8,39 m, Tiefgang: 3,42 m. BRT: 391. Das Schiff wurde kurzfristig in BOLEK, später wieder in CHRONIK umbenannt. Nach dem Krieg als X-Schiff Nr. 2593 im Besitz der Reederei verblieben. Ab 1947 wurde das Schiff in Hamburg aufgelegt, ab 1975 als Lagerschiff genutzt. Im Oktober 1984 in Deutschland abgebrochen.

Am Donnerstag, den 17. Januar 1957, wurde die LUKUGA um 11.00 Uhr eingedockt, um 15.45 Uhr lag sie trocken.

Mithilfe eines Schwimmkrans wurde dann das restliche Bergungsmaterial und die Pumpen auf die ZUIDZEE umgeladen, die dann auslaufbereit war. Um 18.30 Uhr wurde die Schleuse passiert und ein Seelotse geordert. Dieser wollte jedoch wegen des starken Nebels nicht auslaufen. Am Freitag, den 18. Januar 1957, klarte es auf, um 02.00 Uhr verließ ZUIDZEE den Emder Außenhafen und erreichte um 04.35 Uhr den Borkumer Neuen Hafen. Hier wurde das Bergungsmaterial der Bugsier-Reederei auf die SEEFALKE umgeladen und bereits um 05.30 Uhr verließ ZUIDZEE die Insel und erreichte um 20.45 Uhr den Heimathafen West- Terschelling. Am Samstag, den 19. Januar 1957, wurde dann das Bergungsmaterial in die Magazine der Bergungsgesellschaft Doeksen eingelagert.

HOLLAND HOLT SICH NOCH DAS SAHNEHÄUBCHEN AUF DEN KAFFEE

„HOLLAND pikte op weg naar huis nog een graantje mee."
Das war die Überschrift eines Artikels einer holländischen Zeitung. Auf dem Heimweg schleppte die HOLLAND, als Unterstützung von Schlepper SEEFALKE gerufen, zusammen mit fünf anderen Schleppern den Frachter POLYXENI aus Costa Rica frei.

Der Frachter POLYXENI wurde 1945 als Typ des Canadian Liberty unter der Bau-Nr.55 in Prince-Rupert in Kanada als GASPESIAN PARK für die Kanadische Regierung in Montreal gebaut. LÄNGE .134,60 m. Breite :17,40 m. BRT :7159.Die Dampfmaschine für 11kn Fahrt. 1946 als MONT GASPE für die Montship Lines, Montreal, später Liverpool, in Fahrt. 1954 verkauft an Cia de Nav.para Viajes Globales in Puerto Limon und als POLYXENI in Fahrt gebracht . Ab 1959 für die gleiche Firma, jetzt aber Piraeus unter dem gleichen Namen im Einsatz. Am 06.02. 1965 auf den Riffen des Carapebus-Shoal/ Vitoria (Brasilien) aufgelaufen und im August 1965 in Valencia(SP) bei Desguaces Ordas abgewrackt.

Der Frachter war auf dem Weg von Philadelphia nach Delfzijl mit einer Ladung von 9373 t Kohlen am Morgen des 30. Dezember 1956 um 10.15 Uhr auf dem Paapsand im Dukegat zwischen den Tonnen GF und G7 aufgelaufen. Die Tonnen waren durch Eisgang vertrieben und der holländische Lotse hatte angenommen, bereits im

Schlepper »NORDERNEY«
U.S. DCFK

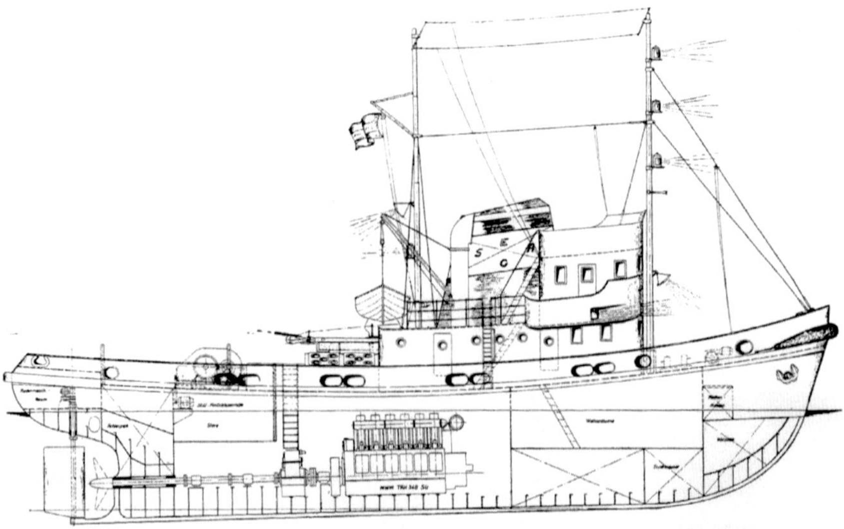

Bauwerft: Schulte & Bruns, Emden — Auftraggeber: Ems-Schlepper-A.G., Emden — Bau-Nr.: 182 — Probefahrt: 30. 12. 1955

Vermessung	132,68 BRT	Konstruktions-Tiefgang	3,30 m	Svendborg-Rudermaschine
	39,38 NRT	Antriebsmaschine: einf. wirk. 4-Takt		Brennstoffverbrauch .... 180 g/PS/h
Länge über Alles	28,20 m	MWM-Dieselmotor		Geschwindigkeit .... 11,5 kn
Länge zwischen den Loten	25,00 m	Typ: TRH 348 SU m. A.		Klasse: Germanischer Lloyd
Breite auf Spanten	6,90 m	Leistung: 1080 PSi max.		+ 100 A 4 k (E+) „Schlepper“
Seitenhöhe	3,90 m	RENK-Getriebe SWF 56		Anzahl der Besatzungsmitglieder: 6-8 Mann

Der Motorschlepper „Norderney“ wurde 1955 auf der Werft von Schulte & Bruns in Emden für Ems-Schlepper AG unter der Bau-Nr. 182 gebaut. Länge: 28,20 m, Breite: 6,90 m, Tiefgang: 3,30 m. BRT: 133. Das Schiff wurde angetrieben durch einen MWM-Dieselmotor mit 1080 PS. Geschwindigkeit: 11,5 kn. 1970 verkauft an die Norslep Bugser & Bjergningsselskap, Kristiansand (N) und umbenannt in REX. 1974 weiterverkauft an die Em. Z. Svitzers Bjergnings Enterprise, Kopenhagen (DK), umbenannt in MIMER. 1985 verkauft an Vestlandske Skips og Biloppbugging A/S, Aalesund (N), umbenannt inHADARVAAG.

Fahrwasser zum Delfzijler Hafen zu sein. Franz Rieckhoff auf der Signalstelle Borkum hörte über Telegraphie von dem Unfall, verständigte zuerst den Agenten der Bugsier auf Borkum, Herrn Wike Byl, der zuerst Cuxhaven anrief, anschließend in Emden einen Boten über die Firma Lehnkering zum SEEFALKEN schickte, der ja nach Einschleppen der LUKUGA im Emder Binnenhafen lag. Bergungsinspektor G. Funk ließ sofort ablegen, passierte mit SEEFALKE um 14.10 Uhr die Große Seeschleuse und erreichte die Unfallstelle mit der Position 53° 20' 20" Nord und 60° 59' 20" Ost gegen 14.40 Uhr. Außerdem wurden durch Bugsier die Emder Schlepper NORDERNEY, KÄTHE WESSELS und JOHANN WESSELS angefordert.

Der Motorschlepper KÄTHE WESSELS wurde 1956 auf der Werft Schulte & Bruns in Emden unter der Bau-Nr. 184 für das Emder Bugsier- und Bergungs-Geschäft P. W. Wessels Wwe. in Emden gebaut. Länge: 25 m; Breite: 6,30 m; Tiefgang: 2,50 m .BRT: 89 Der MWM-Dieselmotor leistete 750 PS für eine Geschwindigkeit von 11,5 kn. Zeitwert: 675.000 DM.

Die POLYXENI war bei fast Hochwasser aufgelaufen, Gerhard Funk geht an Bord, bietet seine Hilfe an und der Kapitän unterschreibt einen Vertrag auf der Basis „No cure - No pay“, der auf Englisch verfasst war. Dieser Vertrag sah jedoch den Ort Hamburg für den Standort des Seeschiedsgerichtes vor. (Maritime Arbitration Court Hamburg). Dies wird später von großer Bedeutung sein.

Der Schlepper JUIST hatte den Auftrag, den Leichter NATION beladen mit Gütern der LUKUGA nach Emden zu schleppen. Als er die Unfallstelle passiert, bietet er seine Hilfe an, wird durch G. Funk gechartert, legt den Leichter vor Anker und macht neben der POLYXENI fest, um mitzutauen und zu scheren. Nach Signalgeben mit der Dampfpfeife durch den Bergungsinspektor auf der POLYXENI beginnen alle sieben Schlepper, einschließlich des Schleppers WATERGEUS der Firma Wagenborg aus Delfzijl, mit äußerster Kraft zu tauen und mit Hochwasser gegen 23.40 Uhr gelingt es, den Dampfer flottzuschleppen. Gegen Mitternacht werden alle Schlepper entlassen, HOLLAND kehrt nach Terschelling, SEEFALKE nach Borkum und die Emder Schlepper auf ihre Stationen in Emden zurück.

B.1.

THE WEST OF ENGLAND

Steam Ship Owners' Protection & Indemnity Association, Limited.

Class I—Protection and Indemnity. Class II.—Freight, Demurrage and Defence.

1, LLOYDS AVENUE,

LONDON, E.C. 3.

TELEGRAMS: WESTENG. FEN. LONDON.
CABLEGRAMS: WESTENG. LONDON.
TELEPHONE: ROYAL 6961.

COPY

4th January, 1957.

To:— Messrs. Bugsier and other salvors.

" The POLYXENI "

"POLYXENI" Grounded off Delfzijl and refloated with tugs assistance. 30th December 1956.

IN CONSIDERATION of your releasing and/or refraining from arresting or otherwise detaining or proceeding *in rem* against the above vessel or any other vessel in the same Ownership in connection with the above incident, WE HEREBY undertake to pay you on demand any sums not exceeding D.M. 180.000 (One hundred and eighty thousand German Marks.) plus Interest and Costs, if any, which might be agreed between the parties or adjudged to be due to you in respect of the above incident from the Owners of the above vessel.

This undertaking is also in respect of cargo and freights proportion.

For The West of England Steamship
Owners Protection and Indemnity
Association, Limited.

6d. stamp.

Der Motorschlepper WATERGEUS wurde 1956 auf der Werft „Welgelegen", der Firma Amels & Sohn in Makkum für die Reederei E. Wagenborg's Scheepvaarts- & Expeditiebedrijf N. V. aus Delfzijl gebaut. Länge: 20,08 m; Breite: 6,43 m; Seitenhöhe: 2,8 m
Der Brons 4-Takt-6-Zyl.-Dieselmotor leistete 500 PS.
Der Schlepper war eisverstärkt, mit einer Bergungs- und Feuerlöschpumpe ausgerüstet und hatte eine Fahrerlaubnis von Vlie bis Kiel-Holtenau. Der Zeitwert betrug 525.000 DM.

Eigentümer der POLYXENI war die Firma Dem. P. Margarones, Odos Kephallinias 47 in Athen. Offensichtlich kommt es im Folgenden zu keiner Einigung über die Bergungskosten und Bugsier droht, den Dampfer in Delfzijl arrestieren zu lassen. Nach Hinterlegen einer Garantiesumme von 180.000 DM in London wird jedoch davon abgesehen, aber auf den Ort Hamburg für das Seeschiedsgericht bestanden.

Gegner in London ist „The West of England", Steamship Owners Protection & Indemnity Association, diese residiert in der Lloyds Avenue 1 in London.

Natürlich war Bugsier als federführende Gesellschaft in erster Linie an einer freundlichen (amicable settlement) Einigung interessiert. Daher wurden von W. Wessels, der Ems-Schlepper AG, Wagenborg's Scheepvaart & Expeditiebedrijf N. V. und Doeksen Terschelling Beschreibungen der beteiligten Schlepper in Bezug auf Größe, Baujahr und Höhe des heutigen Zeitwertes angefordert. Außerdem Berichte aller beteiligten Schlepperkapitäne über den Einsatz. Diese Berichte wurden von Inspektor Gerhard Funk synchronisiert.

Nach einem Treffen von Bergungsinspektor Meyer in London wurden bestehende Unklarheiten ausgeräumt, vor allem der Vorwurf einer erzwungenen Unterschrift des Kapitäns der POLYXENI unter den abweichenden Bergungsvertrag „Lloyds Open Form". In diesem ist normalerweise als Schiedsgerichtshof London vorgesehen, also gewissermaßen ein Auswärtsspiel im Gegensatz zum Heimspiel in Hamburg. In unmissverständlicher Sprache wurde jedoch auf eine eventuelle Verhandlung vor dem Seegericht Hamburg (The Hamburg Maritime Arbitration Court) hingewiesen und nach dem Anwalt der Gegnerpartei gefragt. Nach einem erneuten Besuch per Flugzeug in London von Senior-Inspektor Kapitän Meyer, der die erforderlichen Unterlagen im Original mitbrachte, kam erstmalig Bewegung in die Verhandlungen und Mr. Seben, Vertreter des West of England Club, bot 8.000 Pfund für die Bergung. Dieser Betrag wurde nicht akzeptiert. Aufgrund der Bemühungen anlässlich der Bergung werden 15.000 Pfund gefordert, wobei vorerst wenig Hoffnung bestand, den Fall freundschaftlich zu lösen und die Vorbereitungen für die Arbitrage in Hamburg begannen. Daraufhin erhöhte London die Summe auf 12.500 Pfund. Bugsier blieb hart und bestand, gestützt auf das Ergebnis für die Bergung der griechischen PERIOLOS, auf 15.000 Pfund. Samuel Stewart & Co. blieben pessimistisch. Doch die Hartnäckigkeit der Bugsier zahlt sich aus und am 12.08.1957 werden Doeksen, Wagenborg und die Emder Schleppgesellschaften über den Abschluss von 15.000 Pfund informiert. Die Gesellschaften äußern sich erfreut und verteilen den Betrag auf Basis der PS der jeweiligen Schlepper. Nach Eingang des Schecks vom West of England Club wird die Kaution von Stewart zurückgezahlt.

Die Gesamtsumme von 15.000 Pfund zu einem Kurs von 11,662 zur DM, nach Abzug also rund 163.000 DM, wurde dann auf die Eigentümer der Schlepper nach jeweiliger PS-Leistung verteilt.

SEEFALKE	PS 3000	HOLLAND	PS 3000
KÄTHE WESSELS	PS 990	JOHANN WESSELS	PS 945
NORDERNEY	PS 900	JUIST	PS 900
WATERGEUS	PS 500		

Nach Überweisung der entsprechenden Summen, zweimal in holländischen Gulden, zweimal in DM, bestätigen die Firmen den Eingang der Beträge mit herzlichem Dankesschreiben. Auch Wike Byl, Firma Lehnkering, Inspektor Funk und die Besatzung der SEEFALKE unter Kapitän W. Schröder erhielten entsprechende Donationen.

Wike Byl hatte sich handschriftlich in Erinnerung gebracht.

W. Byl
01.01.1957
Auktionator und Grundstücksmakler
Nordseebad Borkum
Telefon 04922 / 417

An die
Bugsier-Reederei Hamburg
Abteilung Bergung
Betr.: Polyxeni

Es ist Ihnen jetzt wohl bekannt, dass die erste Meldung von Borkum kam. Sobald ich die Nachricht erhielt, habe ich sofort Cuxhaven angerufen - dort war nichts bekannt. Somit wusste ich, dass SEEFALKE auch keinen Bescheid hatte. Daraufhin habe ich mich mit Lehnkering in Verbindung gesetzt und gebeten, sofort einen Angestellten zwecks Übermittlung zur Schleuse zu schicken. Das ist geschehen und um 02.10 Uhr erfuhr ich, dass SEEFALKE ausgelaufen sei. Hat ja alles gut geklappt.

Falls sie demnächst unserer Firma etwas zukommen lassen wollen, bitte nicht direkt, sondern indirekt durch mich. Sie wissen ja wohl Bescheid.

Hochachtungsvoll

W. Byl

KEIN GERUHSAMER NEUJAHRSMORGEN

Eine halbe Stunde nach dem Abbringen der POLYXENI war die HOLLAND auf dem Weg nach Terschelling. Gegen 08.00 Uhr am Neujahrsmorgen bei -10 Grad lief der Schlepper im Heimathafen ein. Alle freuten sich nach diesen anstrengenden Tagen auf einen geselligen ruhigen und erholsamen Neujahrstag 1957. Daraus wurde nichts.

Gegen 11.00 Uhr lief eine Alarmmeldung im Haus von Kapitän Jan Doeksen ein: „Schwedischer Dampfer VISTEN mit 23 Mann 30 Meilen nordwest der Terschellingerbank in Brand." Eine Viertelstunde später war die HOLLAND unterwegs.

In den frühen Morgenstunden war der Brand ausgebrochen und breitete sich schnell aus. Der 33-jährige dänische Steward Ove Petersen war in seiner Kabine eingeschlossen. Die Tür hatte sich durch den Brand verzogen. Bei dem Versuch, sich aus dem Bullauge zu zwängen, blieb er mit dem Becken darin stecken und ver-

Die VISTEN wurde als MARTHA-HALM 1921 unter der Bau-Nr. 1110 auf der Schichau-Werft in Elbing gebaut. Länge: 68,10 m, Breite: 10,20 m Dreifache Expansionsmaschine für 8 kn. BRT: 963. 1921 als MARTHA HALM für die Reederei AG Phoenix, Hamburg, 1924 LOTTY-GABRIELLE, Reederei AG Phoenix, Hamburg, 1926 ALSEN, Reederei Robert Bornhofen, Hamburg, 1931 verkauft an O. F. Ahlmark & Co. in Karlstad und umbenannt in VISTEN. Das Schiff kam nach dem Brand erneut in Fahrt und wurde im Dezember 1958 bei der Donso-Werft in Gøteborg abgewrackt.

Die VIGGEN wurde 1952 auf der Karlstad Werft in Karlstad unter der Bau-Nr. 132 für O. F. Ahlmark & Co. aus Karlstad gebaut. Länge: 45,70 m, Breite: 8,20 m. Dieselmaschine für eine Geschwindigkeit von 10,5 kn. 1960 verkauft an die Reederei A/B Jal in Smøgen und als DUX-2 in Fahrt gebracht. 1970 verkauft an die Reederei A/B Brøderna Lind & Co. in Kalmar und als TILIA in Fahrt. Das Schiff sank am 12.01.1972 auf der Reise Storungs - Kolding bei Væstervik.

Ausgebranntes Steuerhaus

brannte bei lebendigem Leibe. Die demoralisierte Mannschaft der VISTEN ging in die Rettungsboote, während die Brücke ein Opfer der Flammen wurde. Glücklicherweise war die VIGGEN, ein Schiff derselben Reederei, in der Nähe und konnte die Besatzung aus den Rettungsbooten bei Temperaturen unter -10 Grad und starken östlichen Winden aufnehmen.

VISTEN, re. STOERTEMELK, andere Seite HOLLAND

Gegen 15.00 Uhr erreichte Schlepper HOLLAND das halb ausgebrannte Schiff auf Position 53.46 N., 4.18 O. Zusammen mit der auf das eigene Schiff zurückgekehrten Mannschaft der VISTEN wurde der Brand bekämpft und gelöscht. Das havarierte Schiff wurde von der HOLLAND auf Vlierende (Seegebiet im Wattenmeer südlich der Inseln Vlieland und Terschelling zwischen den Sandbänken Richel und Jacobsruggen) geschleppt. Am nächsten Tag dann von den Schleppern HOLLAND und STORTEMELK II in den niederländischen Küstenhafen Harlingen eingeschleppt.

DER KAMPF UM DAS GELD
DIE SPIELREGELN DES BERGUNGSGESCHÄFTES

Die guten Beziehungen zwischen dem Agenten Wiard Byl, seinen Söhnen und der Bugsier machten sich bezahlt. Kapitän Funk beauftragte Wiard Byl mit der Rekrutierung der Borkumer Männer zur Entladung der LUKUGA für einen Stundenlohn von 4 DM. Dieser Auftrag wurde an die Firma Johann Weber & Sohn weitergegeben, die diesen dann erfüllte. Nach Eintreffen der Rechnung der Bugsier auf Borkum kommt es zu Differenzen über die Höhe und W. J. Schuchmann bat seinen alten Freund W. Byl schriftlich um Unterstützung, indem er eine Kopie der Rechnung mitschickte und endete mit den Worten: „Lassen Sie uns hoffen, dass wir bald einen ähnlichen Job wiederbekommen.“ Wiard Byl sah sich außerstande zu vermitteln und schrieb folgenden handschriftlichen Brief:

W. BYL
AUKTIONATOR UND
GRUNDSTÜCKSMAKLER

W. Byl
07.01.1957
Auktionator und Grundstücksmakler
Nordseebad Borkum
Telefon 04922 / 417

Lieber Herr Schuchmann jr.!
Ihren Brief heute erhalten, war ich gleich bei Weber, um eventuell zu verhandeln. Leider wollte derselbe sich auf nichts einlassen und erklärte mir, dass er Ihnen berichtet hätte und Aufstellung gemacht wegen der Zuschläge.

Es ist heute schrecklich, wenn man solche Sachen hört. Wenn diese Abgaben nicht richtig abgeführt werden, kommt das Arbeitsgericht, Arbeitsamt, Krankenkasse usw. So etwas gab es früher nicht. In früheren Jahren, wenn ich Arbeiter bei Bergungen gebrauchen musste, hatte ich eine Tasche voll 5-DM-Stücke und jeder bekam sein Geld nach der Arbeit. Bei den Kohlenfahrern hatte ich auch 50 Mann. Wie ich von Funk den Auftrag erhielt, 50 Arbeitskräfte zu bringen, frugen die Leute gleich wegen Versicherung usw.

Aus dem Grunde übertrug ich Weber die Stellung, um in allen Teilen sicher zu gehen. Die Höhe der Arbeitsstunden wäre auch 40 % niedriger gewesen, wenn die See nicht so grob gewesen wäre. Somit konnten die Schiffe nicht längsseits liegen, aber die Stunden gingen weiter. Auch Doeksen hatte Schuld daran, weil derselbe die Leute um 12 Uhr bestellt hatte, aber der Krämer von Delfzijl kam erst gegen 05.00 Uhr (Kümo-Koastvaarder BILL-S) Gut, dass die Arbeiter alle versichert waren, einer kam ins Krankenhaus wegen Quetschungen. In der Haftpflichtsache musste ebenfalls alles versichert sein, falls mal einer über Bord fiel, hätte es schlimm werden können wegen Unterhaltszahlungen an die Familie. All dieses konnte ich nicht übernehmen und ich hoffe, dass Sie dieses auch einsehen werden. Nun hoffe ich, dass sich alles mit Weber in Frieden regelt. Trotz meiner 76 Jahre bin ich noch immer mit Leib und Seele für Ihre Sache, das haben Sie wohl gesehen bei dem letzten Fall vor Delfzijl. (Dampfer POLYXENI 30.12. 1956).

Am 10. März vor 35 Jahren meldete ich zum 1. Mal einen Unfall an die Bugsier. Der Dampfer KARL aus Holland, mit Erz beladen, war im Strandgat aufgelaufen.
Hoffentlich kann ich bald mal wieder ein gutes Jahr melden.

Mit bestem Gruß, auch an den Hauptchef
Ihr W. Byl

Im ersten Fall „den Kohlefahrern“ bezieht sich W. Byl auf die Strandung eines englischen Kohlenelevators im Jahre 1931.

Bericht der Rettungsstation Borkum über die vergebliche Rettungsfahrt am 20. Oktober 1931 von Vormann Johann Willms, MRB HINDENBURG (I)

Um 13.00 Uhr wurde mir auf der Reede von meiner Frau gemeldet, dass ein Fahrzeug über die Brauerplate trieb, ich sagte ihr, sie solle zum Ortsausschuss schicken, die möchten Ausguck halten und wenn nötig, gleich die Mannschaft bestellen. Eine halbe Stunde später bekam ich Bescheid, dass die Draisine mit der Mannschaft unterwegs war. Wir fuhren um 02.00 Uhr von der Reede ab. Kurs übers Watt nach der Osterems. Am Hohen Hörn angekommen, sahen wir, dass es sich um einen Elevator handelte. Als wir das Schiff erreicht hatten, saß es schon in der Brandung, es hatte den Nord-Ost-Strand erreicht. Wir fuhren ganz nahe an das Schiff heran und stellten fest, dass keine Menschen an Bord waren. Darauf nahmen wir wieder Kurs auf Borkum-Reede. Die Mannschaft fuhr um 18.30 Uhr mit dem Zuge nach Hause. gez. Johann Willms

Am 20. Oktober 1931 strandete auf dem Nord-Ost-Strand des Ostlandes, 400 m vor der Spitze des Hooge Hörn, ein russischer Kohlen-Elevator. Der Elevator war bereits treibend auf See gesehen worden. Er befand sich im Schlepp eines Frachtschiffes auf dem Weg von London nach Leningrad, als die Trossen brachen. Er gehörte der 1931 in Liquidation stehenden „Harrison's Lighterage Company", 66 Mark Lane, London, gegründet 1898 mit der Absicht, „... to acquire the business of the same name, steamship owners, coal exporters and foreign coaling agents". Im Dezember 1915 warb die Firma als "Bunker contractors to the British Admirality and leading steamship lines. London bunkering a speciality". Der Elevator strandete bei halber Tide vor Borkum und wurde von Johann Byl (2. Sohn von W. Byl), Anton Nolting und Geerd Byl (ältester Sohn von W. Byl) entdeckt, die die Anker des Elevators fallen ließen und somit verhinderten, dass das Schiff höher auf den Strand trieb. Es wurde mit 70 Meter Drahtseil und schweren Ankern festgelegt. Der Elevator war verlassen, unbemannt, das Schiff abgeschlossen. Es hatte ca. 10 m hohe Aufbauten, die mit Drahtseilen abgesteift waren. Vom 20. bis 23. Oktober 1931 lag das Schiff auf dem Strand und wurde nachts bewacht. In kurzer Zeit war es 1,5 m tief versandet. Da auf Borkum große Arbeitslosigkeit herrschte, war es ein Leichtes, etwa 50 Arbeiter zu finden, die für einen Tageslohn von 5 Reichsmark gemeinsam eine Rinne gruben, durch die das Schiff vom Strand gezogen wurde. Erst beim zweiten Schleppversuch gelang es dem Schlepper WOTAN II, unter Kapitän Gisecke, den Elevator in die Memmertbalje abzuschleppen, dort wurde er durch Taucher einer Bodenkontrolle unterzogen und anschließend nach Cuxhaven geschleppt.

WOTAN III, an Brücke 3

Für die Bergung wurden 140 000 Reichsmark an die Firma Bugsier bezahlt, 11 000 Reichsmark konnten die Borkumer Berger für sich beanspruchen. (Siehe „Untergang vor Borkum“, Band 2, 1924 - 1945, Die Geschichte des Rettungswesens im deutsch-niederländischen Seegebiet, Seite :140-142).

WOTAN III und THEODOR HEUSS, an Brücke 3

W. Byl bezieht sich im zweiten Fall auf die Strandung des holländischen Dampfers KARL, der am 14.02.1922 auf einer Sandbank in der Westerems aufgelaufen war.

Der Frachtdampfer KARL wurde 1906 bei der Rickmers-Werft in Geestemünde unter der Bau-Nr. 149 für die Rickmers Reismühlen, Reederei- und Schiffbau AG in Hamburg als ELISABETH RICKMERS gebaut. Länge: 111,88 m; Breite: 14,54 m; Tiefgang: 8,34 m
1 Dreifach-Expansionsmaschine mit 1600 PSi, eine Schraube für 11,0 kn. BRT: 4174
1914 bei Kriegsbeginn von den belgischen Behörden in Antwerpen beschlagnahmt, am 09.10. wieder in deutsche Hand gefallen, jedoch blockiert dort während des Krieges. 1917 an Franz Horn in Lübeck verkauft und in Fahrt für die Dampfschiffs-Reederei Horn in Lübeck als HORNHÖH. 1918 an H. C. Horn in Schleswig verkauft und umbenannt in CLAUS HORN, 1919 zurück an die Dampfschiffs-Reederei Horn in Lübeck. 1920 als Kriegsbeute nach Großbritannien abgeliefert, Eigentum beim Shipping Controller in London, bereedert von Harris & Dixon, London. 1921 übertragen an die European Shipping Co. Ltd. in London, bereedert durch A. Rappaport, London, weiterhin als CLAUS HORN in Fahrt. 1921 verkauft an N. V. Cargadoors Scheepvaart-Kantoor „Levant" in Rotterdam, weiterverkauft im gleichen Jahr an N. V. Stoomvaart Mij. „Vredebest" in Rotterdam, bereedert von H. Dreesen, umbenannt in KARL. 1924 verkauft an Röchling, Menzell & Co. in Hamburg, umbenannt in RHEIN. 1926 verkauft an H. Vogemann, Hamburg, umbenannt in VOGTLAND. 1931 nach Panama umgeflaggt und am 13.10.1933 in Savona eingetroffen und dort abgewrackt.

Der holländische Dampfer KARL aus Rotterdam war mit einer Ladung von 7000t Erz auf der Reise von Narvik nach Emden. Wegen eines Eisenbahnerstreiks konnte das Schiff in Emden nicht gelöscht werden, lief aus Emden wieder aus und war auf der Fahrt nach Rotterdam, als es durch starken Eisgang auf eine Sandbank gedrückt wurde. Der Steven und das Ruder brachen. Nach Überbordwerfen eines Teils der Ladung konnten insgesamt sechs deutsche und zwei holländische Schlepper das Schiff aus seiner Zwangslage befreien.

Erneut schreibt Wiard Byl (Reetdach) über seinen Großvater und das Entstehen der Geschäfts- und Freundschaftsbeziehung zur Schuchmann Reederei-Bugsier:

„Und jetzt will ich die Geschichte so wiedergeben, wie mein Großvater sie mir selbst erzählt hat:

Er war als junger Kaufmann ins Emsland gefahren, um dort bei den Bauern für seine Kunden Winterkartoffeln einzukaufen. Auf dem Rückweg traf er sich mit Gleichgesinnten, dem Schlachtermeister Leo Heinemann, der dort Schlachtvieh gekauft hatte und dem aus Weener stammenden Bauunternehmer Johann Weber, der Baumaterial besorgt hatte. Auf der damals gut und gerne 4-5 Std. dauernden Dampferüberfahrt hatten sie Karten gespielt, als ein seriös gekleideter Herr an ihren Tisch kam, eine Weile zuschaute und dann Bezug nehmend auf ihre plattdeutsche Sprache fragte, ob sie von der Insel kämen und sich hier auskannten, was sie bejahten. Dann erzählte er ihnen, er komme aus Hamburg und betreibe dort eine Dampfschlepper-Reederei. Er stellte sich mit Schuchmann vor und sagte, er besitze mehrere Hafenschlepper und auch einen großen Bergungsschlepper. Diesen wollte er zunächst während der Wintermonate auf der viel befahrenen Ems vor Borkum-Südstrand auf Station vor Anker legen und zwar in Konkurrenz zum dort schon seit einigen Jahren liegenden Emder-Schlepper. Einen Schutzhafen hatte Borkum damals noch nicht. Für diesen Schlepper suchte er einen Mann für die landseitige Betreuung, einen Agenten, der alle zwei bis drei Tage Post und Lebensmittel auf die Segelbuhne vor der Wilhelmshöhe bringen sollte, wo diese dann mit einem Boot von der Besatzung abgeholt würde. Auch müsse der Mann über ein Telefon verfügen, um die Einsätze des Schleppers zwischen Reederei, Signalstelle und Schiff zu koordinieren. Großvater schob dem Fremden einen Stuhl hin und sagte (er duzte grundsätzlich jeden): „Setz dich hin, brauchst nicht weiter zu suchen, dein Mann bin ich." Er nahm den Fremden mit nach Hause, sie wurden handelseinig und mein Großvater war von nun an bis an sein Lebensende Agent der Schuchmann-, der späteren Hamburger Bugsier-Reederei."

Schlepper ALBATROS vorm Borkumer Südstrand

Wiard Byl, Agent der Bugsier, mit seiner Familie

Wiard Byl wurde am 30.06.1881 auf Borkum geboren und verstarb am 17.07.1968 auf seiner Insel. Er war verheiratet mit Anna-Margareta, geb. Kutscher, 1885 bis 1960. Das Ehepaar hatte vier Kinder Geerd-Geerds, geb. am 20.02.1906, Johann-Geerds, geb. am 18.03.1909, Hebelina Margarete, geb. am 30.07.1914 und Christoffer Johannes, geb. am 08.04.1920. Alle Kinder waren auf Borkum geboren. *(Siehe „Untergang vor Borkum", Band 2, 1924 - 1945, Seite 241/242).*

Johann Weber wies das Angebot der Bugsier von 40.000 DM für die Bezahlung der Borkumer Schauerleute zurück und bestand auf Begleichung seiner Rechnung über 47.878 DM. Bugsier zahlte dann letztendlich den noch ausstehenden Betrag von 7.878 DM und endete im Antwortschreiben an die Firma Weber mit dem Satz: „Ihre Ablehnung zwingt uns, in zukünftigen Fällen mit unseren Schleppern billigere Arbeitskräfte von Emden herzuholen oder eigene Leute zu verwenden." Den Borkumer Arbeitern konnte das gleich sein, denn für sie war der Verdienst ein großzügiges Weihnachtsgeschenk von Lloyds London. Die Besatzungsmitglieder der deutschen Schlepper wurden namentlich aufgeführt und prozentual an den Bergungskosten beteiligt. Der Funker H. Vaubel des Schleppers SEEFALKE erhielt für die SOS-Meldung der LUKUGA mit sofortiger Weiterleitung an seinen Kapitän Schröder, Inspektor Funk und an Kapitän Hein in Cuxhaven, sowie nach Anerkennung als Erstmeldung durch seine Vorgesetzten 6.000 DM. Der Funker des Schleppers DANZIG, Eduard Meinardus hörte die SOS-Meldung der LUKUGA ebenfalls mit und übermittelte den gesamten Funkverkehr an Kapitän Hein in Cuxhaven. Für diese Meldung wurde er mit einer Summe von 2.000 DM beteiligt.

Prozentuale Aufteilung für BMS SEEFALKE SUMME: DM 710.000				
Kapitän W. Schröder	1,5%	=	10.650,00 DM	
I. Off. K. Lackmann	0,5%	=	3.550,00 DM	
I. Off. H. Gick *(29.-30.12.)*	0,5%	=	645,50 DM	
I. Ing. E. Suck	1 %	=	7.100,00 DM	
II. Ing. W. Stutzke	3/8 %	=	2.662,50 DM	
Funker H. Vaubel	3/8 %	=	2.662,50 DM	
Erstmeldung			6.000,00 DM	
Funker J. Döscher	3/8 %	=	2.662,50 DM	
Masch.Asst. A. Broers	1/8 %	=	887,50 DM	
Masch. Asst. Schumacher	1/8 %	=	887,50 DM	
Masch.Asst. J. Fischer	1/8 %	=	887,50 DM	
Masch. Asst. F. Riemeyer	1/8 %	=	887,50 DM	
Taucher R. Schäfer	½ %	=	3.550,00 DM	
Taucher W. Finger	½ %	=	3.550,00 DM	
Koch B. Pröchel	1/8 %	=	887,50 DM	Anteilige
Steward H. Schneider	1/8 %	=	887,50 DM	Abrechnung
Bootsmann H. Bakker	¼ %	=	1.775,00 DM	für die
Matrose T. Kock	1/8 %	=	887,50 DM	Besatzung
Matrose U. Siebrands	1/8 %	=	887,50 DM	51.908,00 DM

Prozentuale Aufteilung für BMS DANZIG SUMME: DM 150.000				
Kapitän G. Funck	1 ½ %	=	2.250,00 DM	
Steuerm. H. Möller	½ %	=	750,00 DM	
I. Ing. W. Taubers	¾ %	=	1.125,00 DM	
II. Ing. G. Steindorf	3/8 %	=	562,50 DM	
Assistent R. Störmer	1/8 %	=	187,50 DM	
Assistent H. Willms	1/8 %	=	187,50 DM	
Assistent N. Witt	1/8 %	=	187,50 DM	
Funker Meinardus	3/8 %	=	562,50 DM	
Erstmeldung			2.000,00 DM	
Taucher J. Gooßen	½ %	=	750,00 DM	
Bootsmann Fr. Blank	¼ %	=	375,00 DM	Anteilige
Matrose B. Löwicke	1/8 %	=	187,50 DM	Abrechnung
Matrose J. Weihse	1/8 %	=	187,50 DM	für die
Koch G. Krooss	1/8 %	=	187,50 DM	Besatzung
Steward R. Grauschopf	1/8 %	=	187,50 DM	9.687,50 DM

Prozentuale Aufteilung für BMS THOR SUMME: DM 100.000				
Kapitän W. v. Allwörden	1 ½ %	=	1.500,00 DM	
Steuerm. G. Kreuter	½ %	=	500,00 DM	
I. Masch. J. Tillmann	¾ %	=	750,00 DM	
II. Masch. A. Gerull	3/8 %	=	375,00 DM	
Funker B. Herwig	3/8 %	=	375,00 DM	
Koch R. Schirrmann	1/8 %	=	125,00 DM	Anteilige
Matrose K. Leyk	1/8 %	=	125,00 DM	Abrechnung
Matrose K. Gorges	1/8 %	=	125,00 DM	für die
Heizer W. Koslik	1/8 %	=	125,00 DM	Besatzung
Heizer G. Hesse	1/8 %	=	125,00 DM	4.125,00 DM

Prozentuale Aufteilung für Leichter NATION		
Kapitän Hermann Röttgers	300,00 DM	Anteilige
Matrose Gerd Kucharzcyk	50,00 DM	Abrechnung
Matrose Karl Heinz Lepsien	50,00 DM	für die
Junge Uwe Traut	30,00 DM	Besatzung
		430,00 DM

Es ist schon erstaunlich, was sonst noch im Rahmen dieser Bergung und Leichterung als Bezahlung oder Ausgleich geltend gemacht wurde:

1. Durch den hohen Seegang entstanden an den Schiffen unterschiedlich schwere Schäden. Kapitän A. Weber des Motorschiffes GISELA-MEYER-GERHARDS machte über Adolf Jürgensen „Sachverständiger für Außenhautschäden an Schiffen" aus Emden, einen Schaden von 155 DM geltend, der beim unsachgemäßen Beladen entstanden ist. Es geht um die Erneuerung einer Ladebaumstütze und Ersatz einer Fensterscheibe.
2. Die Kosten der Tally-Kontrolle bei der Entlöschung am 27./29. Dezember über eine Ladung von insgesamt 1.296.717 kg, stellte der Tally-Mann 648,36 DM in Rechnung , wobei 0,50 DM per 1000 kg berechnet wurden.
3. Die Miete für MS MAIKE-MEYER-GERHARDS (1.500 DM) und MS GISELA-MEYER-GERHARDS (10.500 DM) schlug mit insgesamt 12.000 DM zu Buche.
4. Es entstanden Zollgebühren während der Entladung von 32 DM.

5. Johann Byl war auch nicht schüchtern und stellte 422,40 DM an Bohlen für die Anfertigung des Patch, für 11 LKW-Stunden à 8,20 DM, insgesamt 90,20 DM und 9 gebrauchte Autoreifen (Fender) à 20 DM, also insgesamt 180 DM in Rechnung.
6. Für die Fischkutter WESTEREMS und ANNA MARGARETA mit je 150 PS und 3 Mann Besatzung werden 18 Fahrten zum Möwensteert -Reede-Borkum à 50 DM, 2 Fahrten nach Hund/Ost (vor Delfzijl) à 80 DM und eine Fahrt nach Emden hin und zurück à 150 DM, also insgesamt 1.210 DM der Bugsier in Rechnung gestellt.
7. Für Kapitän Carl Meyer stellte der Schiffs - und Luftfahrtmakler Paul Günther, Hamburg, für einen Flug mit Lufthansa Amsterdam - Hamburg 233,65 DM in Rechnung.
8. Inspektor Funk erhält Auslagen über 418 DM für Bewirtungen und Gratifikationen an Dritte zurück.
9. Die Emder Lotsen A. Eggers, H. Jobus, W. Möhlmann, J. Schöne erhielten jeweils 100 DM, die Lotsen H. Schmidt, G. Rieken erhielten für ihre Bemühungen 200 DM (Die Bezahlung fällt etwas höher aus: „Sie haben sich mit mir gegen die Order des Wasserstraßenamtes einig erklärt, LUKUGA nicht im Hubertgat zu belassen, sondern nach Borkum-Reede zu bringen“).
10. Herr Franz Rieckhoff, Leiter der Signalstelle Borkum, erhält für die Erstmeldung der Strandung der POLYXENIE 500 DM, da er trotz Aufforderung, die Hafenschlepper zu benachrichtigen, erst Meldung an Herrn W. Byl machte und sehr viel später die Order an Emden gab.

Kapitän John Schumacher (ehrenvoller Spitzname auf Borkum: „Der Seeschuster“), Leiter der Inspektion der DGzRS, war durch die Rettungsberichte des Vormannes Wilhelm Eilers des Rettungsbootes BORKUM, über die Hilfeleistung bei der Abbergung der LUKUGA vor Schiermonnikoog am 22. 12. 1956 und den Verletztentransport durch das Rettungsboot am 28.12.56 informiert.
Kapitän Schumacher an Bugsier: „Wir wären Ihnen dankbar, wenn Sie uns nach Abschluss der Angelegenheit eine angemessene Spende gewähren würden.“
Am 27. August 1957 überwies Bugsier der DGzRS für die Fälle ARION und LUKUGA eine Spende in Höhe von 5.000 DM auf das Konto der DGzRS bei der Bremer Landesbank, Bremen. In der Spende an die DGzRS sind auch die Hilfeleistungen des MRB BORKUM im Rahmen der Abbergung des Dampfers ARION am 21. Januar 1956 mit eingeschlossen.

links oben: Inspektor John Schuhmacher,
rechts oben: Schipper Klaas Toxopeus (MRB INSULINDE),
links unten: Skipperke Meeuw, rechts unten: Vormann Wilhelm Eilers, MRB BORKUM,
bei der Vorstellung des neuen Seenotkreuzers THEODOR HEUSS bei den holländischen Kollegen in Oostmahorn

Die Geschichte der ARION

Der Dampfer ARION wurde 1919 auf der Werft von J. F. Duthie & Co. in Seattle (USA) unter der Bau-Nr. 27 mit dem Namen DEWEY für die Amerikanische Regierung gebaut. Länge: 125,10 m; Breite: 16,50 m, BRT: 5630. Die Dreifach-Expansionsmaschine gab dem Schiff eine Geschwindigkeit von 10,5 kn. 1919 umbenannt in WEST-HERICK, 1928 verkauft an Oceanic & Oriental Nav. Co. Inc., San Francisco und umbenannt in GOLDEN FLEECE. 1937 verkauft an die American-Hawaiian SS Co. Inc., New York, umbenannt in LOUISIANAN. 1940 verkauft an die Englische Regierung, London, umbenannt in EMPIE-GANNET, 1946 verkauft an Aurora Sg. Co. Ltd., London, umbenannt in ARION. Weiterverkauft 1949 an Cia Maritima del Este SA in Panama, 1955 weiterverkauft an Soc de Nav Arion Sa in Panama, weiter unter dem gleichen NamenARION in Fahrt, weiter verkauft an Cia de Vapores San Elefterio Ltda. in Panama und unter dem Namen ST.ELEFTERIO in Fahrt. Das Schiff sank auf der Position 21 54 N, 064 46 W am 06.02.1958 auf der Reise von Nuevitas auf Kuba nach England mit einer Ladung Zucker.

Am 21. Januar 1956 um 05.35 Uhr GMT nimmt der Funker Heinrich Lühken an Bord des Schleppers WOTAN der Station Borkum das folgende Telegramm des panamesischen Dampfers ARION auf:

to Goulandris -
London aground two miles upwards of Borkum on ems river, ordert two tugs from .... master.

Dampfer ARION aufgelaufen. Links Dampfschlepper JOHANN WESSELS, rechts Dampfschlepper HELGOLAND

Der Schleppdampfer HELGOLAND wurde 1940 auf der Werft von Schulte & Bruns , Emden, unter der Bau-Nr. 139 für die Ems-Schlepper AG in Emden gebaut.
Länge: 26,40 m; Breite: 6,51 m; Tiefgang: 2,49 m. BRT: 128. 1940 an den Auftraggeber abgeliefert, 1941 kenterte der Schlepper auf der Ems und sank. Er wurde gehoben und wieder instandgesetzt. Im August 1957 bei Schulte & Bruns vom Schleppdampfer zum Motorschlepper umgebaut. MWM-Motor mit 1080 PS. 1966 verkauft an Spyros J. Latsis in Piraeus, umbenannt in TRIA. 1981 weiterverkauft an die Alcyonides S. A. Piraeus. 1985 übertragen an die Maritime & Commercial Co. Argonaftis S. A. Piraeus.

Der Schlepper WOTAN(3) wurde 1939 von der H. C. Stülcken-Werft, Hamburg, unter der Bau-Nr. 737 für die Deutsche Kriegsmarine unter dem Namen ARNGAST gebaut.
Länge: 57,50 m; Breite: 9,52 m; Tiefgang: 4,41 m . BRT: 729.
Die zwei 8-Zyl.-Dieselmotoren der Deutschen Werke Kiel leisteten zusammen 2680 PS.
1945 beschlagnahmt von Großbritannien und als LENAMILL in Fahrt gebracht .
Im Juni 1950 durch Bugsier angekauft und umbenannt in WOTAN.
Im Mai 1969 in Bremerhaven aufgelegt, im November 1969 verkauft an Eisen & Metall und ab April 1970 in Hamburg abgebrochen.

Das aufgenommene Telegramm wird sofort an Kapitän Hein in Cuxhaven weitergegeben, der daraufhin die auf Station Borkum liegende WOTAN zur Unfallstelle beordert. Diese Nachricht des Funkers Heinrich Lühken wird später als Erstmeldung anerkannt. Um 06.45 Uhr läuft WOTAN mit seinen 2700 PS aus dem Borkumer Neuen Hafen aus. Es herrscht ein Westnordwest-Wind Stärke 9 mit Böen bis Orkanstärke. Sehr grobe See, tagsüber abflauend und rückdrehend auf Südwest Stärke 6-7. Jedoch gegen Mitternacht orkanartig wieder auffrischend.

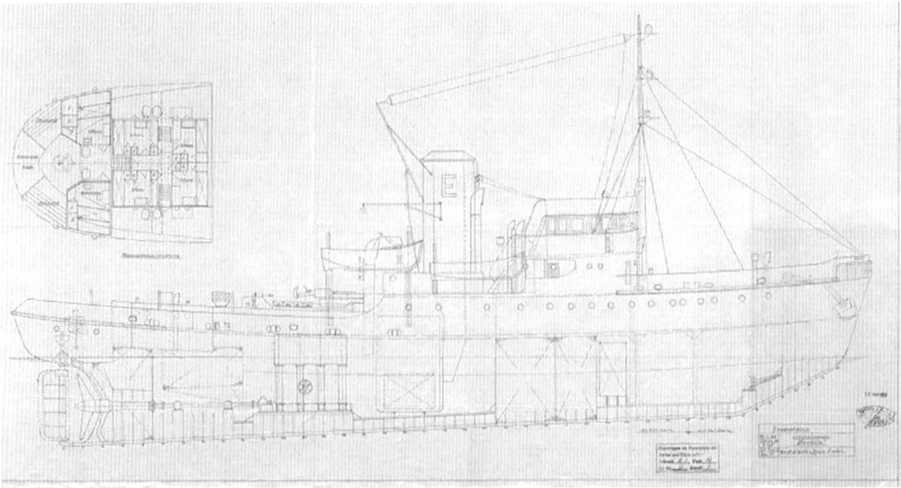

Aufriss Lotsendampfer BORKUM

Lotsendampfer BORKUM

Das Frachtmotorschiff MONTAN war am 26.7.1940 durch einen Minentreffer im Hubertgat versenkt worden. („Untergang vor Borkum". Band II ,Seite 429)

Schlepper DANZIG im Eis des Borkumer Hafens

Anbei liegt noch ein Schreiben an die Seenotdienstleitung - von der Signalstelle Borkum - Seenotwache - ein Bericht vom 09. Februar 1956.

Seenotdienstleitung, Inspektion, Werderstraße 44/46, Bremen, 09. Februar 1956

Betrifft: Einsatz des Rettungsbootes BORKUM beim Seenotfall ARION

Am 21. Januar 1956 um 07.50 Uhr gab der Bergungsschlepper WOTAN folgende Funkmeldung auf 2182 KHz an die Seenotwache Borkum: „Wir liegen bei Binnenrandzel bei einem aufgelaufenen Dampfer. Bitte Rettungsboot benachrichtigen!" Um 07.52 Uhr gab ich Vormann Eilers telefonisch Kenntnis von vorstehender Funkmeldung und gab anschließend auf dessen Weisung hin ebenfalls Nachricht an Motormann Meeuw und an den freiwilligen Rettungsmann Kaja. Durch ein später geführtes Seefunkgespräch des Schleppers WOTAN erfuhren wir, dass es sich bei dem Havaristen um den Panama-Dampfer ARION handelte, und dass dieser bei Tonne W 11 an Grund geraten sei. Besagter Dampfer hatte um 02.50 Uhr einlaufend die Signalstelle passiert. Durch erhöhten Wasserstand begünstigt, konnte Schlepper Wotan den Havaristen um 15.30 Uhr freischleppen. Am Pegel der Signalstelle wurde das Hochwasser um 15.20 Uhr mit 7,20 m gemessen, d. h., dass der Pegelstand 1,30 m über Normal auftrat. DerWind, welcher in der Nacht WNW 11-12 mit Orkanböen betrug, hatte zur Zeit des Hochwassers noch die Stärke 8-9 aus WNW.

Beim Havariefall ARION hat das Rettungsboot BORKUM maßgebliche Hilfe geleistet:
1. Den Inspektor der WOTAN auf den Havaristen übergesetzt.
2. Lotungen durchgeführt.
3. Leinenverbindung hergestellt.
Das Rettungsboot Borkum hat die Wrackleuchttonne „Montan" vom Lotsendampfer BORKUM übernommen und in den Schutzhafen geschleppt! Vormann Eilers meldete Rettungsboot BORKUM um 18.35 Uhr wieder einsatzklar auf P 3 (Pier 3).
Abschließend sei festgestellt, dass bei dem Fall ARION keinerlei Seenotmeldung erfolgt ist. (Dieses kann notfalls von dem derzeitig zuständigen Wachleiter von Norddeich-Radio, namens Stern, bezeugt werden!). Der Schlepper WOTAN hatte aufgrund eines Telegramms von ARION an seinen Makler Nachricht von dem Auflaufen des Schiffes erhalten.Da der Einsatz des Rettungsbootes aufgrund meiner Benachrichtigung erfolgte (Funkmeldung des Schleppers WOTAN auf 2182), bitte ich um Zuerkennung der Erstmeldung. (Anmerkung der Autoren: Dies wird nicht anerkannt, die Erstmeldung wird dem Funker der WOTAN zugesprochen).

Heinz Hedden

Es kommt zu einem Schiedsgerichtstermin (Arbitrage) vor Lloyds London, vorausgeht eine Auseinandersetzung über den Wert des gestrandeten Schiffes ARION. Der vom Eigner der ARION festgelegte Betrag von 100.000 Pfund wird als zu gering betrachtet, die von Bugsier und ihrem Londoner Anwalt vorgeschlagene Summe von 135.000 Pfund als zu hoch und so einigt man sich auf eine Wert-Ausgangssumme von 122.500 Pfund.

TELEPHONES AVENUE 2651 (3 LINES)
AFTER HOURS:
MR. S. STEWART. MAYFAIR 0351.
MR. E. T. MILTON. RAVENSBOURNE 7310.
MR. K. J. TYLER. BRIXTON 3394.

DIRECTORS:
S. STEWART.
E. T. MILTON. S. McKIBBIN.
C. A. STEWART. V. STEWART.

SAMUEL STEWART & Co
(LONDON) LTD.

BEVIS MARKS HOUSE
BEVIS MARKS
LONDON EC3

TELEGRAMS STEWARLOND FEN LONDON
DAY & NIGHT

INTERNATIONAL TELEX NO
GB LN 8230

SHIP BROKERS
CHARTERING AND
FORWARDING AGENTS
SALE & PURCHASE BROKERS

Auch in diesem Fall wird über die Agenten der Bugsier Samuel Stewart und Co. in London eine Kaution gefordert, bevor das Schiff aus dem Emder Hafen auslaufen kann. Federführend bei diesem Vorgang ist die Bugsier, die Emder Schlepper laufen unter Charter der Bugsier. Obwohl der Eigentümer der ARION, Herr Goulandris, auch ein guter Freund der Firma Stewart ist, wird auf eine Sicherheitsleistung von 15.000 Pfund bestanden, die noch in London gestellt und per Telegramm bestätigt wird. Durch einen Einschreibebrief (Registered Letter) wird das Original Lloyds Standard Form of Salvage Agreement „no cure - no pay", unterzeichnet am 21.01.1956 um 14.30 - 15.45 Uhr von Gerhard Funk und dem Kapitän der ARION, nach London geschickt. Lloyds London bestellt daraufhin Mr. K. S. Carpmael, Q. C. als alleinigen Schiedsrichter (Arbitrator). Es kommt dann zu einer relativ raschen Einigung, wobei Bugsier aufgrund der Schnelligkeit der Einigung nicht ganz sicher ist, ob nicht eine höhere Summe hätte erreicht werden können. Samuel Stewart erklärt jedoch, dass dieses Ergebnis nur aufgrund der gegenseitigen Freundschaft zwischen ihnen selbst, den Anwälten Constant und Constant sowie dem Eigentümer des Schiffes Herrn Goulandris zustande gekommen sei. Bei einem Wechselkurs von 11,665 erhält Bugsier die Summe, nach Abzug der Gebühren insgesamt also 104.888 DM.

Auch die Holländische Rettungsgesellschaft kommt für die Hilfeleistung bei der Bergung der LUKUGA zu einer Spende, wie die abgebildeten Briefe bezeugen. Reederei Doeksen zeigt sich für diesen Einsatz nicht kleinlich und überweist am 21.01.1957 1.000,- Gulden.

N.V: Scheepvaart Mij. G. Doeksen & Zn.,
Terschelling

24. Januar 1958

Betrifft: Schenkung

Sehr geehrte Herren,
Es war eine sehr große Überraschung für uns, für unsere Mithilfe bei der Bergung der MS LUKUGA Ihre Überweisung von 1000,- Gulden auf unserem Postgirokonto empfangen zu dürfen .. Wir haben diese Spende mit großem Dank entgegengenommen.
Hochachtungsvoll, Kon. Noord- en Zuid-Hollandsche Redding Maatschappij.

Der Direktor

Als Dank für diese gewährte Hilfe wird die CMB Mitglied der K:N:Z:H:R:M:.wie das Anschreiben aus Amsterdam zeigt.

An Herrn Karel de Schepper
Kapitän auf großer Fahrt M.R.
Commandant du Port B. P. IIII
Léopoldsville
Belgisch-Kongo

03. Oktober 1957

Betrifft: Schenkung

Sehr geehrter Herr De Schepper,
mit Dank empfingen wir Ihren Brief vom 30. September 1957 mit der Angabe eines neuen Beitragszahlers für das Jahr 1958, nämlich des Herrn M. Jans aus Léopoldsville, sowie mit der Mitteilung über die Verlängerung Ihrer Mitgliedschaft über 2 Jahre.

Separat senden wir Ihnen 4 Exemplare von „De Reddingboot", Ausgabe Nr. 82, worin die Fotos der Rettungsaktion der BRANDARIS für die LUKUGA zu sehen sind.

Für die anerkennenden Worte hinsichtlich der Hilfeleistung der BRANDARIS sind wir besonders dankbar, und wir wissen die finanzielle Hilfe, die Sie unserer Gesellschaft haben zukommen lassen und weiterhin zukommen lassen möchten, außerordentlich zu schätzen.

Hochachtungsvoll
Kon. Noord- en Zuid-Hollandsche Red.
Maatschappij

Der Direktor

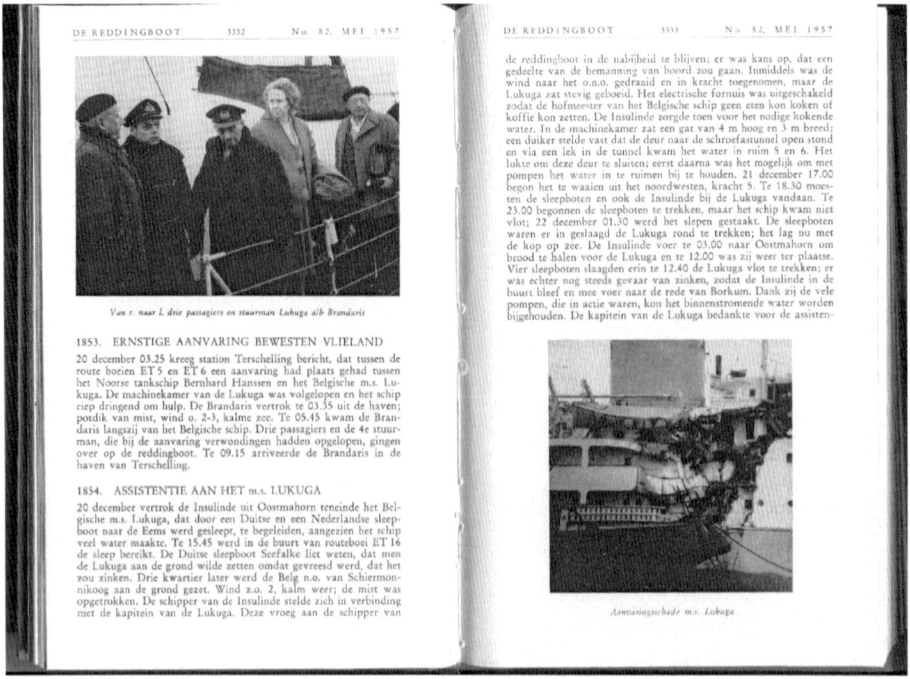

DE REDDINGBOOT 3332 No. 82, MEI 1957

Van r. naar l. drie passagiers en stuurman Lukuga a/b Brandaris

1853. ERNSTIGE AANVARING BEWESTEN VLIELAND

20 december 03.25 kreeg station Terschelling bericht, dat tussen de route boeien ET 5 en ET 6 een aanvaring had plaats gehad tussen het Noorse tankschip Bernhard Hanssen en het Belgische m.s. Lukuga. De machinekamer van de Lukuga was volgelopen en het schip riep dringend om hulp. De Brandaris vertrok te 03.35 uit de haven; potdik van mist, wind o. 2-3, kalme zee. Te 05.45 kwam de Brandaris langszij van het Belgische schip. Drie passagiers en de 4e stuurman, die bij de aanvaring verwondingen hadden opgelopen, gingen over op de reddingboot. Te 09.15 arriveerde de Brandaris in de haven van Terschelling.

1854. ASSISTENTIE AAN HET m.s. LUKUGA

20 december vertrok de Insulinde uit Oostmahorn teneinde het Belgische m.s. Lukuga, dat door een Duitse en een Nederlandse sleepboot naar de Eems werd gesleept, te begeleiden, aangezien het schip veel water maakte. Te 15.45 werd in de buurt van routeboei ET 16 de sleep bereikt. De Duitse sleepboot Seefalke liet weten, dat men de Lukuga aan de grond wilde zetten omdat gevreesd werd, dat het zou zinken. Drie kwartier later werd de Belg n.o. van Schiermonnikoog aan de grond gezet. Wind z.o. 2, kalm weer; de mist was opgetrokken. De schipper van de Insulinde stelde zich in verbinding met de kapitein van de Lukuga. Deze vroeg aan de schipper van

DE REDDINGBOOT 3333 No. 82, MEI 1957

de reddingboot in de nabijheid te blijven; er was kans op, dat een gedeelte van de bemanning van boord zou gaan. Inmiddels was de wind naar het o.n.o. gedraaid en in kracht toegenomen, maar de Lukuga zat stevig geboeid. Het electrische fornuis was uitgeschakeld zodat de hofmeester van het Belgische schip geen eten kon koken of koffie kon zetten. De Insulinde zorgde toen voor het nodige kokende water. In de machinekamer zat een gat van 4 m hoog en 3 m breed; een duiker stelde vast dat de deur naar de schroefastunnel open stond en via een lek in de tunnel kwam het water in ruim 5 en 6. Het lukte om deze deur te sluiten; eerst daarna was het mogelijk om met pompen het water in te ruimen bij te houden. 21 december 17.00 begon het te waaien uit het noordwesten, kracht 5. Te 18.30 moesten de sleepboten en ook de Insulinde bij de Lukuga vandaan. Te 23.00 begonnen de sleepboten te trekken, maar het schip kwam niet vlot; 22 december 01.30 werd het slepen gestaakt. De sleepboten waren er in geslaagd de Lukuga rond te trekken; het lag nu met de kop op zee. De Insulinde voer te 03.00 naar Oostmahorn om brood te halen voor de Lukuga en te 12.00 was zij weer ter plaatse. Vier sleepboten slaagden erin te 12.40 de Lukuga vlot te trekken; er was echter nog steeds gevaar van zinken, zodat de Insulinde in de buurt bleef en mee voer naar de rede van Borkum. Dank zij de vele pompen, die in actie waren, kon het binnenstromende water worden bijgehouden. De kapitein van de Lukuga bedankte voor de assisten-

Aanvaringsschade m.s. Lukuga

Berichterstattung in De Reddingboot Nr. 82

MRB BRANDARIS mit 3 übernommenen Passagieren (Ehefrau Schepper fehlt). v.l.n.r.: Hafenkapitän K. Schepper, 4. Offizier Th. Hubert, Ing. A.E. Verbaenen, Volkert Doeksen, Dr. Smit

LUKUGA – DIE GROSSE ABRECHNUNG

Es kommt am 21. Februar 1957 zu einem Treffen im Amsterdamer Hotel Victoria. Damit beginnt die große Endabrechnung zwischen der Reederei CMB aus Antwerpen auf der einen Seite und Doeksen und Bugsier auf der anderen Seite. Anwesend sind : Direktor Bosmann und Commandant Lejeune von der CMB, mit am Tisch die Vertreter der Bergungsgesellschaften Doeksen aus Terschelling, die Bergungsinspektoren Volker und Piet Doeksen und der Senior-Bergungsinspektor Kapitän Carl Meyer der Bugsier aus Hamburg.

Es beginnt ein gegenseitiges Abtasten , wie man es sich besser nicht vorstellen kann. Diese Aktennotiz spricht für sich selbst und ist deshalb im Original zu lesen.
Anwesende Herren: *Herr Direktor Bosmann, CMB, Commandant Lejeune, CMB, Herr Volkert Doeksen, Herr Piet Doeksen, Herr Kapitän Meyer*
Eingangs führten die Reedereivertreter aus, dass sowohl bei ihnen als auch bei ihren Versicherern der Wunsch bestände, mit den Bergern zu einer freundschaftlichen Verständigung über die Höhe des Hilfslohnes zu kommen. Die führenden Kasko-Versicherer säßen in Antwerpen, da aber ein Teil des Kaskos und ein Großteil der Ladung in London gedeckt sind, wäre es notwendig, London einzuschalten. Es wurde jedoch betont, dass die Entscheidung letzten Endes in Antwerpen läge und London einer Antwerpen-Entscheidung zustimmen würde. Es wurde zunächst über die Werte gesprochen und reedereiseitig folgende Angaben gemacht:

Gesundwert:	*£ 1.200.000*
Reparatur:	*£ 200.000*
Geborgener Wert Schiff:	*£ 1.000.000*
Geborgener Wert der Ladung incl. beschädigte Ladung:	*£ 357.000*
Gesamtwert geborgen:	*£ 1.357.000*

Nachdem die Berichte vorgelesen waren, stellten wir eine Bergelohnforderung von 20 % = rund £ 270.000. Herr Direktor Bosmann führte aus, dass auf ihrer Seite volle Anerkennung der außergewöhnlich schwierigen und guten Bergung vorhanden sei, dass aber doch eine solche Summe letzten Endes nicht diskutabel sei. Reederei und Assekuradeure hätten sich eine Summe von *£ 135.000* gedacht, was von unserer Seite sofort als gleichfalls indiskutabel abgelehnt wurde.Wir sprachen dann länger über die Schiff und Ladung drohenden Gefahren, wobei wir immer wieder auf den unserer Meinung nach sicheren Totalverlust hinwiesen, der ohne unser schnelles Eingreifen eingetreten wäre. Die Herren der Gegenseite erhöhten dann ihr Angebot auf *£ 160.000,* worauf wir auf £ 240.000 heruntergingen. Herr Direktor Bosmann bat um unser Verständnis dafür, dass er doch unbedingt mit einer Zahl nach Antwerpen zurückkommen müsste, die er mit allem Nachdruck als richtig vertreten könnte und die auch Aussicht hätte, angenommen zu werden. Wir verhandelten dann weiter und nannten zuletzt *£ 200.000* als unser letztes Wort, wobei wir um möglichst schnelle Entscheidung baten, die uns zugesagt wurde. Dokumente wurden nicht ausgetauscht, doch gaben wir Herrn Direktor Bosmann auf seine Bitte lediglich einen Bericht von HOLLAND, damit er in der Lage ist, in Antwerpen unter Hinweis auf die Gefahrenlage und unserer Tätigkeit und sonstige Argumente unsere Forderung richtig zu vertreten. Selbstverständlich wurde betont, dass die ganze Verhandlung eine absolut vertrauliche gewesen sei und ohne Präjudiz.

Das abgeschickte Telegramm von Doeksen/Terschelling über Leeuwarden am 21.03.1957 um 23.23 Uhr wurde dann von Bugsier- Hamburg mit großer Freude empfangen, akzeptiert und am Morgen des 22. März durch einen Brief sofort beantwortet. Für diese auf freundschaftlichem Wege gefundene Übereinkunft mit CMB über 175.000 Pfund Sterling dankt Bugsier und *„...halten wir diese Regelung für befriedigend und glauben, dass wir bei einer Arbitrage in London diese Summe nicht erreicht hätten. Für Ihre Bemühungen zur Herbeiführung dieses Ergebnisses danken wir Ihnen. Da für eine freundschaftliche Regelung ja immer prompte Zahlung Voraussetzung ist, nehmen wir an, dass Sie dieses der " Compagnie Maritime Belge" gegenüber extra zum Ausdruck gebracht haben, und hoffen wir, dass Ihnen der Bergelohn in kurzer Frist zugeht".*

Gleichzeitig wird eine Aufstellung der anfallenden Kosten mitgeschickt und „... nach Empfang des Geldes bitten wir Sie, die Abrechnung aufzumachen und uns unseren Anteil wie nachstehend zu überweisen: Amsterdamsche Bank N. V. Amsterdam zu Gunsten Johann Berenberg - Gossler & Co. Hamburg für Bugsier-, Reederei- und Bergungs-AG Hamburg". Der Brief schließt: *„Es freut uns, dass diese Angelegenheit so verhältnismäßig schnell und günstig abgewickelt werden konnte und hoffen wir mit Ihnen, dass baldmöglichst ein 2. ähnlicher Fall eintritt."* Am 04. Mai 1957 wird dann eine genaue Aufstellung der Kosten der Reederei Doeksen und der Reederei Bugsier jeweils in Holländischen Gulden gemacht. Der Bergelohn von insgesamt 1.862.262,50 Hfl wird nach Abzug der Kosten von Doeksen in Höhe von 44.611Hfl und Kosten der Firma Bugsier von 70.344 Hfl. zu je 50 % an die Firmen verteilt. Doeksen erhält insgesamt 917.822,30 Hfl, Bugsier insgesamt 943.554,40 Hfl. Kein schlechtes Ergebnis. Damit werden die gefährlichen, tapferen und mutigen Bemühungen der Verantwortlichen, ihrer Kapitäne und Schiffsbesatzungen fair entschädigt. Soviel zu den Spielregeln in diesem Geschäft.

GOOD NAVIGATOR
ehemalige LUKUGA

Die LUKUGA hatte noch ein langes Leben.
Die LUKUGA war nach der Kollision auf der Südamerika-Linie der CMB in Fahrt, diese wurde zusammen mit der Hamburg-Südamerikanischen-Dampfschifffahrtsgesellschaft, der S.E.A.S. und der Hafen Line N.V. betrieben. Die Verbindung führte über Rotterdam, Bremen, Hamburg nach Brasilien, Argentinien, Uruguay, Paraguay und zurück. Am 05. September 1972 wurde das Schiff an die Griechen N. Frangos und M. N. Moundreas verkauft, welche das Schiff als GOOD NAVIGATOR auf verschiedenen Routen in Fahrt brachten. 1979 unter zypriotischer Flagge und von 1979 bis 1981 erneut unter griechischer Flagge in Fahrt. 1981 wurde das Schiff an pakistanische Abwracker verkauft. Am 28. April 1982 erreichte das Schiff den Strand von Gadani in Pakistan, wo 14 Tage später die Abbrucharbeiten begannen.

LUKUGA auf dem Schlepp nach Emden-Außenhafen, rechts Schlepper JOHANN WESSELS

Abschied

Am Ostersonnabend, den 20. April 1957, passierte die auf den Nordseewerken in Emden reparierte LUKUGA die Insel Borkum. Vor dem Südstrand, auf Höhe der „Heimlichen Liebe", betätigte Kapitän Jan van Isacker dreimal lang das Typhon , um sich von der Insel und seinen Bewohnern zu verabschieden und für die Hilfe bei der Bergung zu bedanken.

Heimliche Liebe, Borkum, ca. 1956, an der Segelbuhne Kutter WESTEREMS

Die„Borkumer-Zeitung" schrieb am 23. April 1957:
„Es war ein schöner Anblick, das bei strahlender Sonne in hellen Farben prangende Schiff mit hoher Bugwelle an unserem Eiland vorbeifahren zu sehen."

Schäden an der LUKUGA

Emden, Große Seeschleuse

Emden, Nordseewerke

Schlepper DANZIG *und* LUKUGA

Das Ende der LUKUGA
Abwrackwerft Gadani, Pakistan, 50km nordwestlich von Karatschi am Arabischen Meer.
Die Schiffe steuern in voller Fahrt auf den Strand und werden auf Grund gesetzt.
Foto: Tomas Senett

Im Borkum Neuen Hafen: DANZIG, MRB BORKUM, Schlepper HELGOLAND

Wiard (Wike Reetdach) Byl und Schwester Anna Byl beim Strandjen

LITERATURVERZEICHNIS

Beukema, Hans: „De mannen van de Insulinde". Verleden en heden van een beroemde reddingboot. Delfzijl 2010.

Boot, Willem J.J.: De Reederij 1908 - 2008, Koninklijke Doeksen. Harlingen,Rotterdam, 2008.

Borkumer Zeitung, verschiedene Ausgaben aus den Jahren 1956 und 1957.

Bugsier-Reederei und Bergungs-AG, Informationsschrift Dezember 1930, Hamburg

De Booy, H.TH.: Nederlandse Kusteddingboten, Alkmaar, 1972.

De Reddingboot, Nr. 82

Drost, F.: „Terschelling bij Storm en Wantij." P. N. Van Kampen & Zoon, Antwerpen ,1979

Esmann, Wilhelm: Die Rettungsboote der DGzRS v. 1865 bis 2004, Bremen, 2004.

Meyer, Carl: „Ein Teufelsjob". Mein Leben als Seemann und Schiffsberger ,Herford, 1974.

Mordhorst, Jan: „Schlepper". Ein Buch über die Schleppschiffahrt in der BRD. Hamburg, 1988.

Schnake, Reinhard H.: „Geschichte der Schleppschifffahrt". Bugsier-, Reederei- und Bergungs-Gesellschaft m. b. H., Hamburg, 1995.

Schneider, Wolf: „Strandung vor Borkum - Der Untergang der Teeswood", Berlin/Borkum 2012

Stegemann, Helmut: „Die deutschen Schlepper". In: Schifffahrt international, Bd. 34-53. Hamburg, 1983 bis 2002.

Wegmann, H. P. Borkum, Schiffahrt und See, Band II, 1974.

Zühlke, Helmer: Untergang vor Borkum: Die Geschichte des Rettungswesens im deutsch-niederländischen Seegebiet. Band 1: 1830-1924

Zühlke, Helmer: Untergang vor Borkum: Die Geschichte des Rettungswesens im deutsch-niederländischen Seegebiet. Band 2: 1924-1945

Kutter im Borkumer Hafen

Schlepper WOTAN

BUCHVORSTELLUNG IM INSELMUSEUM

S E A G
ESB
W
EMDER SCHLEPP-BETRIEB GMBH

HEIMLICHE LIEBE
Maritimes Café-Restaurant
am südlichen Ende der Strandpromenade
Von März bis Oktober täglich ab 11:00 Uhr geöffnet
Herrlicher Blick auf den Strand und das Fahrwasser
• Leckere Fleisch- und Fischgerichte •
~ Kaffee, Tee & Kuchen ~
Tischreservierung:
☎ 0 49 22 - 92 95 20
www.restaurant-heimliche-liebe.de